KB070347

스마트폰으로 키우는
초등 문해력

스마트폰으로
키우는
초등 문해력
국어1등급, 미디어 리터러시로
기초체력 키우기
정상근·박수진 지음

들어가며

문해력이란

'심심한 사과'라는 말이 화제가 된 적이 있습니다. 누가 SNS에 "심심한 사과를 드립니다"라는 글을 올리자, 어떤 분이 "하나도 안 심심하다!"라는 댓글을 달았기 때문이죠. 이미 알고 계시겠지만 '심심한 사과'와 '심심하다'는 완전히 다른 의미입니다. '심심한 사과'의 '심심甚深'은 '깊이, 아주 깊이'라는 의미입니다. 그러니까 "심심한 사과를 드립니다"라는 말은 "정말정말 죄송합니다"라는 의미죠. 그런데 "하나도 안 심심하다!"에서 '심심'은 '할 일이 없어 지루하고 따분하다'라는 뜻입니다.

"하나도 안 심심하다!"라는 댓글 역시, 사실은 그 차이를 충분히 알고 있었음에도 웃어보자 농담한 것일 수 있습니다. 하지만 SNS라는 작은 공간에서 벌어진 이 소동이 한국 사회에 던진 파장은 상당했습니다. 신문에도 TV에도 뉴스로 나왔거든요.

"세상에, 아무리 그래도 '심심한 사과'와 '심심하다'를 헷갈릴 수 있느냐?"라는 비판부터, "한자 교육을 다시 시켜야 한다"는 의견까지 나왔습니다. 여기에 이른바 '요즘 애들'이 쓴다는 '완내스(완전 내 스타일)' '갑통알(갑자기 통장 보니 알바해야겠다)' '알잘딱깔센(알아서 잘 딱 깔끔하고 센스 있게)' 같은 신조어들까지 언론에 끌려 나와 '언어를 파괴하는 주범'이라고 손가락질 받았습니다.

그런데 사실 이런 논란이 어디 하루 이틀이었나요? '사흘'이 "3일이냐 4일이냐" 논란도 있었고요. 한 정치인이 남긴 "무운武運을 빈다"라는 글을 두고, 한 기자가 "운이 없기를 빌었대요"라고 해석했다가 시청자들에게 혼난 일도 있었습니다.

이런 논란이 벌어질 때마다 등장하는 개념이 있죠? 바로 '문해력'입니다. 문해력文解力. 한자의 훈 그대로, 문자를 읽고 이해하는 능력이죠. 문자(文)를 못 읽는 사람은 거의 없을 겁니다. 그렇다면 이 문해력의 방점은 '해력解力', 즉 글을 얼마나 잘 이해하느냐에 찍혀 있습니다. 이해하지 못하면 읽는 것은 아무 의미가 없기 때문이죠. "물은 Self"를 읽고, '아, 물을 알아서 떠먹으라는 것이구나'라고 해석해야 합니다.

우리 아이들이 학교에서 배우는 교과서도 글자와 문장으로 이루어져 있고, 우리가 구매하는 상품 대부분에도 글자와 문장으로 이루어진 '사용 설명서'가 들어 있습니다. 낯선 장소에서 필요한 지도와 가이드북, 혹은 안내 표지판도 글자와 문장으로 이루어져 있지요. 그걸 단순히 읽기만 해서는 안 되고 이해해야 합니다. 그래야 상품을 잘 활용할 수 있고, 여행도 즐길 수 있고, 시험도 칠 수 있습니다.

조금 더 거창한 이야기를 해볼까요? 인류의 발전은 문해력과 함께 해왔습니다. 의사소통은 개미도 하고 원숭이도 하고 고래도 하지만, 오로지 인간만이 이 지구 위에서 '언어'와 '문자'를 사용해 왔습니다. 그래서 인간은 복잡한 정보를 훨씬 쉽게 다른 사람에게 전달할 수 있었죠. 돌고래가 초음파로 '맛있는 라면을 끓이기 위해서는 500밀리리터의 물이 필요하다'는 정보를 전달하는 건 불가능하지만, 인간은 언어를 이용해 아주 간단하게 전할 수 있습니다.

문자가 등장한 이후부터 인간은 훨씬 더 간단하게, 그리고 더 오래 정보를 전달할 수 있게 됐습니다. 말과 말로 전달된 정보는 잊어버리기도 쉽고 왜곡되기도 쉽지만, 문자로 전달된 정보는 훨씬 정확할 뿐 아니라 다른 사람에게 전파하기도 용이하죠. 그래서 인류 발전의 속도는 더 빨라졌습니다. 누군가가 기록한 별의 움직임을 보고 또 다른 누군가가 계절과 기후를 기록했고, 또 다른 누군가가 농사법을 만들어 기록했습니다. 기록된 지식은 경험과 정보를 효율적으로 전달했고 시행 착오를 줄였으며, 새로운 지식의 발견은 훨씬 빨라졌습니다. 문자의 발견부터 지금까지 인간은 거의 대부분의 지식과 정보를 기록으로 남기고 있습니다. 이 기록을 잘 읽고 이해하고 발전시키는 것, 이것이 바로 인류의 영원한 숙제입니다.

너무 거창한가요? 맞습니다. 가뜩이나 학교나 학원 숙제도 많은 우리 아이들에게 미래 인류의 숙제까지 맡길 순 없죠. 다시 우리 아이들 이야기로 돌아갑시다. 초등학교 고학년 아이들 중에 글자를 모르는 아이는 없을 겁니다. '가나다라마바사아자차카타파하'는 모두 읽고 쓸 수 있지요. 하지만 문해력이란 단순히 글을 읽고 쓰는 힘이 아닙니다. 글자로 이루어진 단어, 단어로 이루어진 문장의 뜻을 이해하고 간파하는 힘입니다. 이 힘을 누구나 쉽게 가질 수 있다면, 지금 이 시대에 '문해력'이 화두에 오르지는 않았겠죠. 글을 잘 이해한다는 것은 쉬운 일이 아닙니다. 특히 우리 아이들은 학년이 오를수록 점점 더 글을 이해하기 어려워합니다. 배워야 하는 지식의 양이 급격히 늘어나기 때문이죠. 읽어야 하는 글은 더 많아지는 반면, 글 속의 단어는 더 어려워집니다.

신문은 "아침밥을 먹으면서 이야기를 나누었다"는 문장 대신 "조찬 회동"이라는 짧은 한자로 그 정보를 전달합니다. 아이들

교과서도 마찬가지입니다. 학년이 올라갈수록 정보의 양은 많아지고 난이도는 올라가는데, 설명은 점점 짧아집니다. 단어는 생소해지고 문장은 암호처럼 보입니다. 그래서 읽고 이해하는 힘을 어릴 때부터 꾸준히 길러야 공부를 더 쉽게 할 수 있습니다.

디지털 시대의 문해력

그런데 요즘 부모님들에게 큰 걱정거리가 생겼습니다. 바로 '디지털 미디어'입니다. '미디어'는 정보를 전달하는 매개체인데요. 과거의 미디어는 책과 신문 같은 인쇄물을 바탕으로 한 '아날로그 미디어'였습니다. 그동안 인류의 모든 지식과 정보는 바로 이 인쇄물을 통해 전달됐죠. 출발은 바위에 새겨진 그림 벽화 정도였지만, 인쇄기술이 발달하면서 지식은 종이에 새겨진 글자로 전달됐습니다.

지금부터 20, 30여 년 전만 해도 필요한 정보는 일단 책에서 찾아야 했습니다. 모르는 단어는 언어 사전에서 찾고, 낯선 개념은 백과사전에서 찾아야 했습니다. 교과서 속 문제 풀이는 동아전과든 표준전과든 학습지를 사서 참고해야 했을 겁니다.

그런데 세상이 정말 많이 변했습니다. 요즘 누가 영어사전을 사나요? 백과사전 방문판매도 오래전에 사라졌습니다. 지금은 내

손안의 작은 기계만 있으면 무엇이든 확인할 수 있습니다.

필요한 정보를 찾겠다며 서점이나 도서관에 가서 하루 종일 책을 뒤적거릴 필요도 없습니다. 핸드폰을 열고 포털사이트에 단어 몇 개만 검색하면, 필요한 정보 대부분을 확인할 수 있습니다. 집에 쌓아놓을 수 있는 책의 수는 많아야 몇 백 권이지만, 핸드폰 안에서 확인할 수 있는 정보의 양은 수천 권의 책보다 많습니다. 이것이 바로 '디지털 시대'입니다.

이 디지털 시대의 확장성은 무한합니다. 다음이나 네이버도 없었던 디지털 시대 초창기, 전화선을 통해 인터넷에 접속해야 했던 그때만 해도 인터넷에서 얻을 수 있는 정보는 많지 않았습니다. 하지만 지금은 그때와 비교하기 어려울 만큼 인터넷 속 정보의 양이 크게 늘었습니다. 심지어 지금은 스마트폰을 들고 있는 사람 누구나 정보를 만들어 공급할 수 있는 시대가 됐습니다. 핸드폰을 들고 있는 시민들은 기자들보다 빨리 사건, 사고 현장 사진을 찍고 인터넷에 공개합니다. 특정 정보를 기자들보다 훨씬 전문적으로 해석할 수 있는 사람들도 많아졌습니다.

그런데 빛이 있으면 그림자도 있기 마련입니다. 누구나 정보를 만들 수 있다는 말은, 아무나 정보를 만들 수 있다는 말과 같습니다. 디지털 시대 이전까지 사람들이 접할 수 있는 정보는 대부분 몇 번의 중간과정을 거친 '정제된' 정보였습니다. 당시의 정보 생산은 주로 기자들이 해왔는데요. 기자들이 만들어낸 기사는 부장이 한 번 보고, 국장이 또 한 번 보는 과정을 거칩니다. 물론 그렇게 신문에 나온 기사가 모두 양질의 정보였던 것은 아닙니다. 하지만 분명한 것은 정보가 공개되는 과정에 '신중함'이 있었다는 것입니다.

하지만 디지털 시대에는 이 과정이 생략됩니다. 최소 두 사람의 판단도 거치지 않은, 오롯이 개개인의 판단으로 만들어진 정보가 쏟아지고 있습니다. 유튜브에는 1분에 500시간 이상의 새로운 콘텐츠가 올라온다고 합니다만, 이 통계도 2021년의 통계일 뿐입니다. 지금은 그보다 훨씬 많은 정보가 들숨 한 번, 날숨 한 번에 쏟아지고 있는 실정이지요.

개개인이 생산한 정보라 해도 분명히 유익한 면은 있습니다. 배달음식을 예로 들어볼까요? '맛집 리뷰'를 뉴스로 찾는 사람은 없습니다. 블로그 등 소셜미디어에서 개개인이 생산한 정보를 찾죠. 그곳에서 훨씬 많은 정보를 훨씬 빠르게 찾을 수 있습니다. 하지만 특정 네티즌의 별점 다섯 개는 특정 네티즌의 주관적 판단일 뿐입니다. 그의 별점이 객관적 판단 기준은 될 수 없습니다. 즉 리뷰는 참고할 자료일 뿐, 정확한 정보라 할 수 없습니다.

배달음식 정도의 문제를 넘어설 때도 있습니다. 필터를 거치지 않고 개개인의 판단으로 만들어진 방대한 정보가 온라인에 쏟아지고 있고, 이것이 유권자들의 정치적 판단에 영향을 줍니다. 이런 문제들을 규정한 사회적 용어도 이미 즐비합니다. 스스로 정치적 판단을 내리고 그 판단에 맞는 정보만 찾아 대화와 토론을 거부하는 것을 '확증편향'이라고 하고요. 거짓 정보가 바이러스처럼 퍼지는 현상을 '인포데믹Infodemic'이라고 합니다. 여기에 디지털 기술이 발전하면서 '알고리즘Algorithm'이란 이름으로 이용자들의 기호에 맞는 정보가 제공되고 있는데요. 이 과정에서 편향을 키울 수 있는 정보 사이에 이용자가 갇히는 현상을 '필터 버블Filter Bubble'이라고 합니다.

우리 아이들이 살고 있고, 앞으로 활동하게 될 디지털 세상은 이런 세상입니다. 지금의 아이들은 책을 읽지 않고 유튜브 쇼츠Shorts를 봅니다. 쇼츠는 아이들이 접하기 적절한 정보인지 구분할 시간도 없이 아이들의 눈과 뇌를 파고들고 있습니다.

디지털 세상은 이렇게 무시무시합니다. 이런 세상에서 아이들을 구해내려면 어떻게 해야 할까요? 아이들이 유튜브를 보지 못하게 해야 할까요? 책만 보도록 지도해야 할까요? 아이를 키우는 부모님이라면 아실 겁니다. 그건 정말 쉽지 않습니다. 아이의 친구들은 틱톡 챌린지를 하고 있는데, 우리 아이만 할 줄 모르면 어떻게 하죠? 카카오톡으로 대화를 나누는 친구들 사이에서 우리 아이만 소외되면 어떻게 하죠? 우리 아이가 왕따가 되는 건 아닐까요? 그리고 우리 아이가 유튜브 보는 걸 저렇게 좋아하는데, 이걸 어떻게 무조건 막을 수 있을까요? 유튜브를 하지 못하게 막고 책을 펴서 보라고 한들, 아이들이 책에 집중할 수 있을까요?

그것은 어른들도 마찬가지입니다. 여러분은 스마트폰 없이 책만 보며 살 수 있나요? 쉽지 않을 겁니다. 사실 여러 사회적 문제에도 불구하고 지금의 디지털 시대를 되돌려 신문과 잡지의 시대로 돌아갈 수는 없습니다. 디지털 시대라고 해서 무조건 위험하고, 신문과 잡지의 시대라고 해서 늘 옳았던 것도 아닙니다. 부작용이 있더라도 디지털 시대는 현실이고, 우린 여기에 적응해야 합니다.

그래서 지금 필요한 것이 바로 '리터러시literacy'입니다. 디지털 시대 '미디어 리터러시'는 미디어를 통해 유포되는 정보를 비판적으로 수용하고, 이를 이용하는 능력을 의미합니다. 하늘의 수많은 별과 같은 디지털 정보를 연결해 별자리를 찾아내고, 이 별자리로 다가올 미래를 예측할 수 있는 능력을 말합니다.

문해력을 위한 미디어 리터러시

이제 다시 문해력으로 되돌아가볼까요? 한국 사회에서 '심심한 사과'가 큰 논란이 됐습니다만, 이런 논란은 끊임없었고 앞으로도 무한정 반복될 것입니다. 그리고 이런 종류의 논란이 벌어질 때마다 언론과 학자들은 늘 '문해력' 이야기를 할 것입니다. 문해력, 필요하죠. 그런데 그 문해력을 대체 어떻게 키워야 할까요? 해법으로 여러 가지가 제시됐습니다. 국어 교육시간도 늘어났고요. 아이들이 의무적으로 책을 읽도록 해야 한다는 의견도 있습니다. 한자를 필수적으로 가르쳐야 한다는 제안도 있습니다. 다 좋습니다. 모두 문해력을 키우는 중요한 방법입니다.

하지만 조금 더 근본적인 변화가 필요합니다. 주입식 교육은 한계가 분명하기 때문입니다. 아이들이 모르는 단어를 줄줄이 적어놓고 외우게 하면 문해력이 자라날까요? 그럼 아이들에게 어떤 단어까지 가르쳐줘야 할까요? '결궤하다' '비산하다' 이런 어려운 법률 용어까지 가르쳐야 할까요? 천자문을 달달 외게 하면, 문해력 문제가 해결될 수 있을까요? 솔직히 우리 아이들이 천자문을 달달 외울 시간은 있을까요? 영어도 해야 하고 수학도 해야 하는데요.

아이들에게 '심심한'의 한자 훈을 가르쳐주는 것도 필요하고, '무운 = 무인으로서의 운 / 승리하길 바라다-뜻하는 바를 이루기를 바란다'라고 가르쳐주는 것도 좋습니다. 하지만 사실 더 근본적이고 또 효과적인 해법은 아이들 스스로 모르는 단어의 의미를 찾아보고 활용해보도록 습관을 길러주는 것입니다. '심심한 사과'의 의미를 찾아보고, '심심한'이 담고 있는 한자에 어떤 의미가 있는지 확인하고, 친구들에게 실제로 "심심한 사과를 표한다"라고 말을 해봐야, 이 '심심한'이란 단어가 머릿속에 쏙 들어올 수 있습니다. 그리고 모르는 단어를 발견하려면 많은 글을 읽어야 합니다. 여러 정보를 접하고 해석하는 능력을 키워야 합니다. 그런 이유로 책을 읽고 신문을 읽으면 결과적으로 문해력이 자란다고 말합니다. 그래서 우리 아이들이 다니는 논술학원들도 아이들에게 책을 읽히고 정리를 시키고 토론을 시킵니다. 이것이 문해력을 키우는 가장 좋은 방법이니까요.

다만, 이미 우리 아이들은 책과 신문보다는 디지털 미디어와 더 가깝습니다. 디지털 미디어를 통해 글을 읽고 정보를 얻습니다. 이것은 시대적 변화입니다. 그런 아이들을 디지털 미디어와 억지로 분리할 수는 없습니다. 디지털 미디어 시대는 다량의 정보를 동시에 처리하는 시대입니다. 책과 신문은 정보 정확성이 비교적 우수하지만 접할 수 있는 정보의 범위는 제한적입니다. 그래서 아이들에게 디지털 미디어를 잘 활용하는 방법도 알려줘야 합니다. 디지털 미디어가 지닌 특성을 알려주고 디지털 미디어 속에서 정보를 찾아내는 훈련을 시켜야 합니다. 디지털 미디어 속 정보의 글Text을 뽑아내고, 맥락Context을 파악하는 방법을 가르쳐야 합니다. 나아가 디지털 미디어 속에서 찾아낸 관심 있는 정보나 필요한 정보를 더 깊이 탐구하기 위해 책과 신문 같은 올드 미디어를 활용할 수 있는 지혜를 길러줘야 합니다.

이것이 리터러시 교육입니다. '미디어 리터러시' 교육이 왜 문해력 교육인가? 바로 리터러시의 뜻, 그 자체가 '읽고 쓰는 능력'이기 때문입니다. 바로 문해력이죠. 별로 관계가 없어 보였던 '미디어 리터러시'와 '문해력'은 이렇게 연결이 됩니다.

미디어 리터러시는 우리에게 생소한 개념이지만, 사실 외국에서는 오래전부터 중요한 교육으로 꼽혀왔습니다. UN과 경제협력개발기구OECD는 1990년대부터 리터러시를 주목했고요, 미국과 호주, 캐나다, 영국의 리터러시 역사는 그보다 훨씬 더 오래됐습니다. 컴퓨터가 네트워크로 연결되고, 다시 그 네트워크가 손안의 핸드폰(디지털)으로 들어오면서 리터러시의 중요성이 더더욱 강조되고 있습니다. 디지털 강국인 우리나라도 마찬가지입니다. 얼마 전, 2022 개정 교육과정은 총론에 '미래 세대 핵심 역량'으로 '디지털 기초 소양 강화 및 정보교육 확대'를 꼽았습니다. 이것이 바로 미디어 리터러시입니다.

하지만 정작 학교에서 공부하는 아이들에게도, 아이들을 가르치는 선생님들과 부모님들에게도 미디어 리터리시는 아직 낯선 개념입니다. 최근 많은 선생님이 리터러시 교육안을 만들고 언론재단이 미디어 교육사 자격증을 만들어 전문 인력을 양성하고 있습니다. 하지만 어떻게 교육해야 할지 또 어떻게 배워야 할지 아직은 개척되지 않은 미지의 영역에 가깝습니다. 디지털 시대는 빠르게 발전하고 있고, 아이들은 태어나서부터 디지털 미디어에 무방비로 노출되고 있습니다. 미디어 리터러시 교육의 필요성은 중요해지는 반면, 수능과 연계되지 않는 교육을 학교에서 쉽게 하기는 아직 어렵습니다. 하지만 아이들의 공부를 위해서라도 리터러시 교육은 꼭 필요합니다. 리터러시 교육은 모든 공부의 '기초 체력'이자 '코어 근육'이니까요.

집에서 해보는 리터러시 교육

이 책은 부모님들이 집에서 아이들을 대상으로 '어떻게 리터러시 교육을 해야 할까'에 대한 고민에서 출발했습니다. 간단한 미디어 리터러시 교육을 하는 데 있어 모든 부모님들이 전문적인 리터러시 교육가일 필요는 없습니다. 이 수업은 아이들을 앉혀 놓고 교육자가 일방적으로 강의하는 교육이 아닙니다. 아이들과 디지털 미디어를 함께 체험해보고, 아이들에게 디지털 미디어에 대한 여러 관점을 제시해주고, 아이들과 함께 정보를 찾아보고 맥락을 파악하고, 직접 정보를 만들어보는 교육입니다. 그렇기 때문에 리터러시 교육을 위한 가장 필요한 자세는 아이들의 생각을 존중하고 아이들과 대화할 수 있는 열린 마음입니다.

그런 이유로 미디어 리터러시 수업은 아이들과 1 대 1로, 혹은 소수의 아이들이 모여서 할 때 더욱 효과적인 교육이 될 수 있습니다. 그래서 아이와 정서적 교감이 가능한 부모님이 교육하는 것이 효과적일 수 있습니다.

이 책에는 초등학교 고학년 아이를 키우는 부모님들이 직접 미디어 리터러시 교육을 하기 위해 읽어야 하는 기본적인 지식과 교육 안이 담겨 있습니다. 이를 바탕으로 방학 기간 동안 필자가 직접 초등학교 5, 6학년 아이들을 대상으로 교육을 했고, 그 결과물이 이 책에 포함되어 있습니다. 교육 대상을 초등학교 5, 6학년으로 정한 이유는 중·고등학생들에 비해 상대적으로 입시 교육에서 자유롭기 때문입니다. 또 미디어 노출이 비교적 많은 연령대이기도 하고요. 부모님과의 정서적 교감이 상대적으로 잘 이루어지면서도, 자아 정체성이 형성되고 있어 자신의 생각과 판단을 정리하고 토론할 수 있는 나이이기 때문입니다.

집필하기에 앞서 실제로 아이들과 한 달여의 여름방학 동안 일주일에 두 번씩 총 여덟 번의 수업을 진행했고, 그 뒤 다시 한 번 모여 아이들의 피드백을 받았습니다. 이 수업은 미디어 리터러시를 위한 기본 수업입니다. '미디어의 특성'을 바탕으로 각 미디어가 정보를 어떤 목적과 방식으로 전달하는지 살펴보고, 각 미디어

속 정보를 해석하고 분석하는 실습, 즉 아이들이 직접 미디어의 특성에 맞는 글을 써보는 실습을 진행했습니다. 수업 중에는 유튜브에 올라온 영상을 활용해 아이들의 흥미를 자극했고, 대부분 기존 언론사에서 제작된 영상을 활용했습니다. 이를 바탕으로 아이들에게 질문하고 수업 내용을 가볍게 복기할 수 있는 몇 가지 실습지도 만들어 써보았습니다.

무더운 여름, 수업에 참여한 다빈이, 동아, 아윤이, 정민이, 지온이, 태희는 수업에 성실히 임했고 활발히 참여했습니다. 이 아이들 덕에 부족한 수업 내용을 보완해 책에 실을 수 있었고, 그 나이 즈음의 아이들이 무엇에 관심이 있는지, 어떻게 해야 즐겁게 수업에 참여하게 할 수 있는지 조금은 파악할 수 있게 됐습니다. 이 책이 누군가에게 도움을 줄 수 있다면, 모두 이 아이들의 참여 덕입니다.

이제 서설을 마치고 본격적인 미디어 리터러시 수업에 들어갑시다.

수업을 준비하며

"뭘까?" "너의 생각은 어때?"

수업을 하면서 아이들에게 가장 많이 묻고 싶었던 질문이었습니다. 리터러시 교육, 문해력 교육의 핵심이 바로 '아이들이 직접 생각하도록 하라'는 것이기 때문입니다. 문해력을 키우기 위해서는 정보를 습득해 해석하고, 자신이 직접 정리해보는 과정이 필요합니다. 즉, 많이 읽고 많이 써야 합니다.

문해력을 키우는 데는 왕도가 없습니다. 오랜 시간이 필요하고 부단한 노력이 필요합니다. 수학 점수는 단기간에 올릴 수 있지만 문해력을 단기간에, 그것도 획기적으로 신장시키는 방법은 존재하지 않습니다.

하지만 문해력은 모든 공부의 시작입니다. 축구선수가 90분을 뛸 수 있는 체력부터 키워야 하듯 학습을 잘하고자 하는 아이들은 문해력을 갖추어야 합니다. 학습의 문제만도 아닙니다. 앞으로 아이들이 살아갈 시대에 문해력은 생존과 번영의 핵심 역량이 될 것입니다. 세상은 더 간단해지고 더 편해지고 있지만, 편리함은 인간이 생각할 시간을 빼앗고 있습니다. 그래서 읽을 수 있는 사람, 생각할 수 있는 사람, 생각을 말과 글로 표현할 수 있는 사람이 가장 중요한 사람이 될 것입니다.

그러나 문해력을 키우는 과정은 지난하다고 이미 말씀을 드렸죠? 15초 숏폼Short-form에 익숙해진 아이들이 10분 분량의 지문, 하루 분량의 신문, 일주일 분량의 책을 읽기는 쉽지 않습니다. 이것이 걱정되는 현상인 것은 분명합니다만, 그렇다고 아이들의 핸드폰을 무작정 압수하고 대신 책을 손에 쥐여준다 해서 해결될 일도 아닙니다. 핸드폰으로 정보를 취득하며 살아가는 것은 우리 아이들이 맞이해야 하는 미래의 '평범한 일상'입니다. 그래서 우리 아이들은 핸드폰을 버리는 것이 아니라, 핸드폰을 활용해 정보를 얻으면서도 때로는 핸드폰을 놓고 책을 손에 쥘 수 있는 지혜를 가져야 합니다. 휴대폰으로 양질의 정보를 얻으면서도 안전하게 사용해야 합니다. 이것이 바로 '미디어 리터러시'이자 우리가 하고자 하는 문해력 교육입니다.

이 교육을 통해 지식과 정보에 대한 아이들의 흥미를 유발하고, 아이들의 사고 영역을 확장하려 합니다. 다양한 미디어가 그 도구가 될 것입니다. 하지만 이를 위해서는 먼저 아이들에게 각 미디어의 특성과 미디어를 통해 제공되는 정보의 본질을 알려줘야 합니다. 다시 말씀드리자면, 이 책의 최종 목표는 다양한 미디어 플랫폼을 활용한 '종합 사고력 증진'입니다. 이에 따른 교육과정 순서가 그대로 목차가 됐습니다. 이 책에는 각 수업 주제마다 교육 목표와 아이들을 대상으로 했던 교육 내용, 그리고 미디어 교육에 활용된 미디어 교육자료의 예시 및 활용법, 아이들의 사고력을 확장할 수 있는 예시 질문 등이 담겨 있습니다.

그렇기 때문에 이 책의 목차 그대로 교육을 진행해보셔도 좋습니다. 책에 담겨 있는 교육자료를 그대로 보여주셔도 좋고 그렇지 않다면 비슷한 주제의 다른 자료를 아이들에게 보여주셔도 좋습니다. 각 미디어의 특성과 정보 전달 방식의 차이점을 아이들이 스스로 생각해볼 수 있도록 한다면, 그것이 무엇이든 좋습니다.

이 교육을 거친 아이들이 특정한 주제에 대한 다양한 정보를 여러 미디어를 활용해 수집하고 자신의 생각을 정리해 표현하는 데 익숙한 아이가 되길 바랍니다. 이것이 가능해진다면 우리 아이들은 다가올 새로운 시대, AI시대의 '신인류'가 될 것입니다.

차례

Class 1.

게임

놀이를 통해
읽기와 쓰기 능력을
향상시켜보자

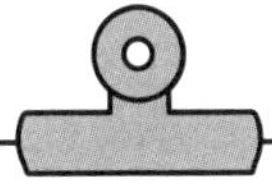

수업 목표

1. '게임'의 위험성에 대해 생각해본다.
2. 적절한 게임의 활용법에 대해 생각해본다.
3. '게임 목표'를 작성해본다.

'게임하는 나'를 돌아봐야 게임 중독을 막는다

'호모 루덴스'라는 말이 있습니다. '호모Homo'는 라틴어로 '사람'을, '루덴스Ludens'는 '유희遊戲'를 뜻합니다. '유희를 즐기는 인간', 한마디로 지구에 사는 인간들은 노는 걸 참 좋아한다는 의미죠. 그럼요. 저도 노는 거 참 좋아합니다. 이 책을 보시는 부모님들도 마찬가지라 확신합니다.

어른들도 그러한데, 아이들은 오죽하겠습니까? 우리 아이들, 노는 걸 참 좋아하죠? 또 놀 때 보면 그렇게 행복해 보일 수 없습니다. 아이의 행복을 바라는 부모 입장에서 아이들의 그런 모습을 보면 참 기분 좋죠. "그래, 그냥 놀아라" 하고 싶기도 합니다. 하지만 그것이 '참교육'은 아니잖아요?

그렇다고 "공부만 해!"라고 할 수도 없죠? 우리는 안 놀고 일만 할 수 있나요? 그럴 수 없습니다. 주말에 쉬기도 하고 놀기도 하고, 또 기분 전환도 해야 일이 손에 잡히죠. 아이들도 24시간, 365일 공부에만 집중할 수는 없습니다. 때로는 멍도 때리고 딴생각도 해야 합니다. 뇌를 어느 정도 쉬게 해줘야 공부에 집중할 수 있죠. 그래서 놀 때 잘 놀아야 합니다.

그런데 우리 아이들은 지금 잘 놀고 있나요? 어떻게 놀고 있나요? 우리 아이가 친구들과 함께 웃고 떠들고, 건강해지도록 뛰어노는 아이였으면 좋겠지만 사실 꽤 많은 아이들이 게임을 하면서 놀고 있을 겁니다.

게임, 그렇습니다. 이 게임이라는 단어를 듣는 순간 머리 아픈 부모님들 많으시죠? '어떻게 공부할 때는 단 5초도 의자에 붙어 있지 않는 우리 아이의 엉덩이가, 왜 게임을 할 때는 5시간이 지나도 의자에서 떨어지지 않을까?' 의아하실 겁니다. 게다가 그 게임들, 왜 이렇게 폭력적인지, 대체 우리 아이는 누구에게 그렇게 총질을 해대는 건지, 그리고 게임을 하면서 대체 누구와 대화를 하는 건지, 어린아이가 무슨 욕을 그렇게 찰지게 하는지 답답하실 겁니다. 그리고 우리 아이들, 게임 좀 그만하란 얘기에 왜 이렇게 민감할까요? 부모가 보기엔 뭐 이 정도면 웬만큼 한 것 같은데, 게임 좀 그만하라고 했더니 아이들은 짜증부터 냅니다. 그럴 때 보면 우리 아이가 너무 거칠어진 것 같고 나쁜 아이가 된 것 같죠? 이대로 가다가는 비행 청소년이 될 것만 같습니다. 이게 다 그놈의 게임 때문인 것 같습니다. 그런데 게임이 꼭 나쁘기만 할까요? 다음의 기사를 한번 같이 보겠습니다.

> "천재인 그도 어릴 땐 또래 아이들처럼 게임(파이널판타지7)을 무척이나 좋아했다. 하지만 즐기는 방식은 남들과는 사뭇 달랐다. 그저 시간 때우기용으로 게임을 한 것이 아니라, 게임 아이템을 몽땅 수집한다거나 혹은 전략을 세워서 최단 시간에 미션을 클리어하는 방법을 찾아내는 식으로 즐겼다.
> 게임을 즐기는 그의 특성을 어머니는 놓치지 않았다. 천재 아들에게 공부하라고 강요한 적은 단 한 번도 없지만, 아들이 공부를 하게끔 옆에서 부드럽게 개입했다. 코우노 씨가 수학 문제집을 풀고 있으면, 옆에서 어머니가 '오늘은 몇 분 만에 풀 수 있을까?'라거나 '이번엔 어제보다 더 빨리 끝낼까?'라는 식으로 유도했다. 코우노 씨는 마치 게임을 하는 것 같은 느낌이 들어서 공부가 전혀 힘들지 않았다고 했다."[1]

물론 이런 친구가 흔하진 않죠? 솔직히 게임하듯 공부하는 것보다 공부하듯 게임하는 게 훨씬 재미있잖아요? 그럼에도 "게임처럼 공부했다" 이 말은 그냥 넘길 만한 얘기는 아닙니다. '게이미피케이션Gamification'이라는 이론이 있습니다. 게임이 가진 요소를 게임이 아닌 다른 분야에 적용한다는 의미죠. 원래 마케팅 이론인데요. 최근에는 아이들을 가르치는 교수법으로도 각광받고 있습니다. 이 이론의 핵심은 단순합니다. 사실 게임을 하는 사람이라면 누구나 알고 있을 겁니다. 첫 번째는 자발성입니다. 두 번째는 실패에 대한 인정입니다. 세 번째는 적절한 보상입니다. 최근 출시된 몇 가지 영어 공부 어플리케이션은 이 게임 이론에 근거합니다. 스스로 목표한 양을 채우면 배지를 받고 레벨도 올라갑니다. 다른 사람과 경쟁하면서 리그전을 치릅니다. 상위 리그에서는 보석도 더 많이 받고 이를 활용해 아바타도 예쁘게 꾸밀 수 있습니다. 이것도 엄밀히 보면 게임입니다. 물론 아이들이 게임과 비슷하다고 해서 영어공부 앱을 켜진 않겠죠? 그래도 무작정 펼쳐서 외워야 했던 영어 단어책보다는 이런 앱이 아이들에겐 더 매력적으로 보일 겁니다. 물론 어른들에게도 훨씬 매력적이겠죠.

물론 이것은 '게임을 하면 공부를 잘한다'는 의미가 아닙니다. 게임이 아이의 인생을 망치는 '저질 문화'일 뿐이라는 인식이 일종의 선입견이라는 이야기입니다. 게임은 이미 현대인의 중요한 여가 문화이자 아이들에게도 매우 밀접한 문화입니다. 게임을 금지하고 삭제해봐야 소용이 없습니다.

게임 수업에서 던져야 할 중요한 질문

친밀한 접근	① 네가 지금 하는 게임은 뭐야? ② 이 게임을 잘하려면 어떻게 해야 해?
생활 습관 점검	① 그런데, 너는 혹시 게임 중독 같아? ② 어떤 상태가 되어야 '게임 중독'이라고 할 만할까? ③ 만약 게임에 중독된 것 같다면, 어떻게 해야 할까?
[참고] 게임 중독 체크리스트[2]	① 게임을 하지 않을 때는 초조하거나 불안하거나 슬프다. ② 게임을 하는 시간이 점점 길어진다. ③ 게임을 하는 것을 줄이려고 해봤지만 성공하지 못했다. ④ 이전에 했던 게임이 계속 생각나거나 게임을 할 생각에 몰두한다. ⑤ 사회적, 심리적으로 문제가 생겨도 계속해서 게임을 하게 된다. ⑥ 게임으로 인해 다른 취미나 오락 활동에 대한 흥미가 줄었다. ⑦ 가족이나 주위 사람에게 게임한 시간을 속인 적이 있다. ⑧ 부정적인 감정을 해소하기 위해 게임을 한다. ⑨ 게임으로 인해 중요한 인간관계나 해야 할 일을 그르친 적이 있다.
사고 확장	① 그런데 게임이 꼭 나쁘기만 할까? ② 게임을 활용할 수 있는 좋은 방법으로는 어떤 것이 있을까?

이 책에서 미디어를 활용한 문해력 교육 수업을 하며 게임을 첫 장으로 다룬 이유가 여기에 있습니다. 게임은 아이들과 매우 가까운 미디어 플랫폼입니다. 미디어 리터러시 교육은 자발적인 활용과 통제를 위한 것이고, 그 수단은 아이들의 사고력에서 나옵니다. 아이들에게 익숙한 게임을 활용해 수업을 한다면, 아이들이 직접 미디어 플랫폼과 이를 사용하는 자신의 생활 습관에 대해 생각해보게 될 것입니다.

유네스코UNESCO는 리터러시를 "현대 사회의 도구들을 통해 새로운 지식과 그 배경에 깔린 복잡한 사회문화적 맥락을 이해하고 다양한 문제 해결에 활용하는 능력"[3]으로 규정합니다. 다양한 미디어를 활용한 교육을 강조했다는 점에서 이 책의 목적과 같습니다. 게임도 하나의 도구로 활용할 수 있습니다.

게임 깊이 들여다보기

이제부터 본격적인 교육을 시작합니다. 아이들과 수업을 하면서 가장 먼저 교육했던 것은, 그날 배울 주제의 어원語源이었습니다. 거의 대부분의 단어는 그 기원, 혹은 역사를 가지고 있습니다. 자신이 일상적으로 쓰는 단어의 역사를 안다는 것은, 생각보다 아이들에게 꽤 큰 지적 성취감을 줍니다. 어원에 대한 교육이 반복되면 생소한 단어 하나를 접할 때 그 뜻을 좀 더 깊이 생각할 수 있고요, 사고력이 확장될 수 있습니다.

게임은 중세 영어인 '가멘Gamen'에서 왔습니다. 'Gamen'은 또 고대 게르만어인 '가만Gaman'으로부터 왔지요. 'Gaman'은 "모여서 논다"는 정도의 의미가 있습니다. '모여 노는 것'이 게임의 본질이라는 것이죠.

이번에는 게임에 관한 정의입니다. 게임을 어떻게 정의할 수 있을까요? "게임이 뭘까"라는 질문을 아이들에게 던져보세요. 쉽게 답변이 나오진 않겠지만, 아이들 나름대로 정의를 해보려고 노력하면서 스스로가 생각하는 정의를 적어가다 보면 게임의 의미를 생각해볼 수 있습니다.

아이들과 방학 동안 한 수업에서는 △정해진 규칙이 있고 △승부를 가르며 △보상이 있고 △재미가 있는 것을 '게임'으로 정의했습니다. 그리고 함께 내린 정의를 기반으로 아이들에게 질문을 던졌습니다.

"지금 어떤 게임을 하고 있니? 그 게임은 어떻게 하는 거야?"

매우 가벼워 보이는 질문이지만, 사실 답변하기가 상당히 어려운 질문입니다. 게임의 이름을 말하는 건 어렵지 않지만, 이 게임을 다른 사람에게 설명하는 것은 쉽지 않습니다. 게임의 규칙과 승부에 따른 보상체계가 어떻게 이루어져 있는지를 정확히 파악하고 있어야 하지요. 또 이러한 정보를 효과적으로 요약해 전달할 수 있어야 합니다. 이 때문에 게임을 많이 한 아이라고 하더라도 이 질문에 답을 하기란 생각보다 쉽지 않습니다.

아이들에게 게임은 그냥 재미있어서 하는 것, 그 이상도 이하도 아니거든요. 게임을 하면서 게임의 구조와 체계, 방식을 생각해보는 아이는 없을 겁니다. 그래서 아이들에게 게임에 대해 물어보면 대부분 '재미있다/ 재미없다' 정도의 단순한 대답만 하곤 합니다.[4] 아이들이 그보다 상세히 답변하는 걸 어려워하지만, 그래도 질문을 던지면 아이들이 게임을 하는 동안에도 사고력을 기를 수 있습니다. 나아가 "왜 그 게임을 하는 거야?"라고 물어본다면, 게임을 하는 자신의 모습을 스스로 돌아보게 되는 계기가 될 수도 있습니다. 만약 이 질문에 체계적인 답변을 할 수 있다면, 이미 아이는 풍부한 사고력을 갖추고 있다고 볼 수 있습니다. 사고력을 기르는 것뿐만 아니라 아이가 부모에게 자신이 즐기는 게임 문화에 대해 진지하게 이야기하다 보면 부모와 자식 간의 정서적 교류도 증진됩니다. 이 정서적으로 연결된 끈은 부모가 제시하는 게임 규범에 대한 자녀의 신뢰로 이어지지요.[5]

수업을 통해 만난 아이들에게도 이 질문을 던졌는데요. 역시 아이들은 답변에 어려움을 겪었습니다. 첫 수업이라 아이들과 정서적 교류가 없었기 때문이기도 했고요. 초등학교 고학년 여학생들이 게임을 잘 하지 않기 때문이기도 했습니다. (물론 여학생들도 그보다 더 어릴 때는 게임을 많이 접해왔고, 유료 아이템을 구매한 경우도 있었다고 합니다.)

또한 지금의 아이들이 과거와 달리 장르가 분명한 게임보다 불분명한 게임에 더 큰 흥미를 갖고 있기 때문이기도 합니다. 예전에는 축구 같은 스포츠 게임, 퍼즐 혹은 RPGRole Playing Game 등 장르가 분명한 게임을 즐겨 했다면, 요즘의 아이들은 메타버스Metaverse 기반 게임인 '로블록스Roblox'를 즐겨 합니다.

로블록스는 사용자들이 스스로 게임을 제작하고 다른 사용자들과 공유하는 플랫폼입니다. 전문가가 아니더라도 로블록스 틀 안에서 누구나 미니게임을 만들어낼 수 있습니다. 감이 잘 안 잡히시죠? 로블록스 안에서 어떤 게임을 즐기느냐에 따라 이 게임에 대한 정의가 달라질 수 있습니다. 그만큼 확장성이 무궁무진한 게임이다 보니 이 게임의 특징을 아이들이 설명하기란 더더욱 쉽지 않아 보였습니다. 수업을 들은 친구 중 동아는 이 게임을 "여러 게임을 할 수 있는 게임"이라고 설명했는데요. 사실은 이것이 정확한 설명입니다.

'게임하는 나' 돌아보기

자, 이제 게임에 대해 정의해봤고, 아이들이 무슨 게임을 하는지 돌아보는 시간도 가졌으니 본격적으로 게임이라는 디지털 미디어에 대해 생각해보는 시간을 갖도록 해봅시다. 무엇이든 과하면 몸과 마음을 망치게 되죠? 게임도 마찬가지입니다. KBS 〈뉴스 9〉에 나온 〈게임 중독, 뇌 구조도 바꾼다〉라는 보도[6]가 있습니다. 세계보건기구WHO가 '게임 중독'을 질병으로 채택하려는 움직임이 있고, 이를 뒷받침할 과학적 근거가 나왔다는 내용입니다. 보라매병원 연구진의 연구인데요. 게임 중독자의 뇌와 정상인의 뇌를 비교해보니, 게임 중독자의 기억을 담당하는 뇌의 해마 크기가 정상인과 비교해 14퍼센트나 컸고, 판단력이나 기분 조절과 연관된 두정엽 일부도 17퍼센트나 컸다는 내용입니다. 커서 좋다는 건 아니고요. 게임이 뇌의 특정 부위에 자극을 계속 주는 바람에 뇌가 부었다는 의미입니다. 이렇게 되면 기억력이 떨어지고 감정이나 충동 조절이 더 어려워집니다. 결국 한 번 중독되면 여기서 헤어나기 힘들어지는 악순환에 접어든다는 것입니다.

게임을 즐겨 하는 아이들 입장에서는 참 충격적인 뉴스겠죠? "내 뇌가 부었다니…." 자 그럼 이제 아이들에게 영상을 보여준 후 '게임 중독 체크리스트'를 보여줍니다. 간단한 인터넷 검색으로 쓸 만한 체크리스트를 찾을 수 있는데요. 그 주요 내용은 위의 '게임 수업에서 던져야 할 중요한 질문'을 참고하시면 됩니다.

이 체크리스트를 보여준 후 아이들에게 다시 질문을 던져봄시다.

“너희는 어때? ‘게임 중독’인 것 같니?”

게임을 하지 않는 아이들은 물론이고, 게임을 하는 아이들도 주저 없이 자신은 게임 중독이 아닌 것 같다고 말합니다. 그 이유를 물었는데요. 아이들은 자신이 게임을 하는 시간이 정해져 있고, 정해진 시간을 넘어서까지 하지 않으며 게임을 못한다고 크게 스트레스를 받지는 않는다고 대답했습니다. 우리 아이들이 부모님이 정해준 게임 규범을 생각보다 잘 받아들이고 있죠? 거의 대부분의 아이들이 그러할 겁니다.

이처럼 아이와 함께 게임의 악영향을 경계하는 내용의 디지털 미디어 속 자료와 정보를 접해보고, 이를 통해 아이 스스로 자신의 게임 습관을 되돌아보도록 했습니다. 그리고 부모님이 정해주는 게임 규범이 왜 필요한지, 그 정당성을 생각해볼 시간이 되기를 기대했습니다.

게임에 대한 사고력 확장

하지만, 리터러시 교육은 여기서 멈추지 않습니다. 아이들에게 게임에 대한 부정적인 인식만을 주입하면, 아이들이 게임에 대한 종합적인 사고를 갖기 어려워집니다. 그래서 이번에는 게임을 하는 모든 아이들을 '게임 중독'으로 몰아가는 사회적 분위기, 그리고 '게임'을 '중독'이라는 질병을 유발하는 '질 나쁜' 콘텐츠로 간주하는 문제를 지적하는 내용의 자료를 보여줬습니다.[7]

정의준 건국대학교 문화콘텐츠학과 교수의 인터뷰 내용인데요. 정의준 교수는 지난 2014년부터 게임을 즐기는 청소년 2000여 명을 추적 조사해서 그 결과를 발표한 바 있습니다. 그는 이 연구에서 청소년들을 '게임 과몰입군'과 '일반군'으로 나누어, 5년간 매년 게임 과몰입 진단 연구를 했습니다. 그 결과 매년 50~60퍼센트의 게임 과몰입군 청소년들이 일반군으로 이동했고, 반대로 일반군에서도 게임 과몰입군으로 이동한 청소년들이 있었습니다.

이에 따른 그의 결론은, 5년 내내 게임 과몰입군에 있던 청소년은 불과 1.4퍼센트, 11명에 불과하다는 사실이었습니다. 이를 다시 한 줄로 정리하면 "게임은 마약처럼 중독되는 것이 아니다"라는 것입니다. 별다른 치료를 하지 않아도 거의 대부분 자연적으로 개선됐기 때문에 게임 과몰입을 질병으로 볼 수 없다는 것입니다. 오히려 게임 과몰입의 주요 원인은 자기 통제력이었고, 이 자기 통제력에 가장 큰 영향을 주는 요소가 '학업 스트레스'였다는 것이 연구 결과입니다.

아이의 학업 스트레스는 부모의 과잉간섭과 기대로 인해 형성되는 만큼, 부모의 양육 태도가 아이를 존중하는 방향으로 개선되면 자연히 게임 과몰입 현상도 줄어든다는 결론으로 이어집니다. 이 연구 결과를 아이들이 꽤 좋아하겠죠? 어떤 친구들은 이 연구 결과를 통해 본인이 게임을 마음껏 해도 된다는 결론을 내릴 수도 있겠지만, 아이들은 그렇게 무책임하고 단순하지 않습니다.

이제 '게임 중독'을 둘러싼 두 가지 시선을 보여줬으니, 아이들에게 이런저런 질문을 던질 때가 됐습니다.

"게임 중독을 걱정할 필요는 없을까? 마음껏 게임을 즐겨도 될까?"

물론 아이들은 그렇지 않다고 말합니다. '스트레스를 해소하기 위해 게임을 즐기되, 어느 정도의 적정한 통제는 필요하다'고, 어른이 강요하지 않아도 아이들 스스로 생각하고 말했습니다.

그럼 '적정한 통제'가 무엇인지도 생각해봅시다. 수업을 함께 하며 아이들에게 저도 게임을 즐기지만, 지나친 게임 이용을 막기 위해 나름의 원칙을 두고 있다고 말했습니다. 그리고 저의 '게임 이용'에 대한 원칙을 이렇게 설명했습니다. 부모님들도 아이들과 함께 다음과 같은 '게임 수칙'을 함께 생각해보면 좋겠습니다.

① '현질'(게임 아이템 구매)**은 가급적 하지 않는다.**

② 내가 하고 있는 일에 지장을 받을 정도로 하지 않는다.

③ 게임을 하다가 이 게임 때문에 스트레스를 받는다는 생각이 들면 그

만한다.

이제 마지막으로 아이들에게 자신만의 '게임 플랜'을 간단히 세워보도록 워크페이퍼를 나눠줬습니다. 이 워크페이퍼에는 '내가 하는 게임' '이 게임에 대한 소개' '내가 이 게임을 하는 이유' '게임을 즐기기 위해 지켜야 할 것' 등 오늘 함께 이야기했던 내용을 써보도록 했습니다.

이 워크페이퍼를 작성한 아이들은 게임을 하는 이유를 "심심할 때 재미있으려고 게임을 한다"고 적거나, 게임을 하면서 "걱정이나 고민을 잊게 된다"고 적었습니다. 그리고 게임을 즐기기 위한 자신의 수칙으로 "일정 시간 동안만 게임을 해야 한다"(동아)거나 "스스로를 통제하며 자신이 감당할 수 있는 한계에서 끝을 내야 한다"(지온)는 내용을 적기도 했습니다. "폭력 금지"(정민)라는 짧고 강렬한 기준을 제시한 친구도 있었습니다.

아이들은 게임이 적절한 통제의 대상임을 스스로 이미 알고 있습니다. 그래서 누가 시키지 않았는데도, 또 '게임 중독'이 생각보다 그렇게 위험하지 않다는 자료를 보여줬음에도 스스로 게임을 조절해야 한다고 분명히 인식하고 있었습니다.

이렇게 첫 번째 수업이 마무리됐습니다. 여자 친구들이 게임을 하지 않아서 좀 아쉬웠(?)습니다만, 첫 번째 수업을 통해 이 수

○○○의 게임 플랜

작성 일시 : ○○○○년 ○○월 ○○일

<table>
<tr><td>게임 이름</td><td></td><td rowspan="2">〈게임 썸네일〉</td></tr>
<tr><td>게임을 한 기간</td><td></td></tr>
<tr><td>내가 게임을 하는 이유</td><td colspan="2"></td></tr>
<tr><td>게임 중독을
막기 위한
나의 3대 수칙</td><td colspan="2">①

②

③</td></tr>
<tr><td>게임에 대한
나의 좌우명</td><td colspan="2"></td></tr>
</table>

업이 어떤 방식으로 진행되는지 충분히 전달된 것 같습니다. 부모님들께서 아이들과 미디어 리터러시 수업을 할 때는 아이가 좋아하는 미디어를 고려해 수업 계획을 짜는 것이 좋습니다. 저희가 했던 두 번째 수업은 SNS에 대한 것이었는데요. 초등학교 고학년 여자 친구들은 유튜브를 포함해 SNS를 많이 하고 있어서 게임 때보다 수업 집중도가 더 높았습니다.

수업 이후 가장 아쉬웠던 것은 아무래도 첫 수업이다 보니 아이들과의 친밀도가 낮았고, 그래서 아이들과 게임에 대해 보다 허심탄회한 대화를 주고받기 어려웠다는 점입니다. 부모님들이 아이들과 함께 미디어 리터러시 수업을 할 때는 조금 더 높은 친밀도를 통해 게임에 대한 보다 더 다양한 이야기를 나눌 수 있을 것입니다.

게임을 활용한 글쓰기 연습

지금까지 진행된 수업은 게임에 대한 인식의 전환과 자발적 통제에 대한 내용인데요, 여기에 더해서 문해력 증진을 위해 '게임 일기'를 작성해보는 것을 추천합니다.

'게임 일기'는 아이들이 게임을 즐기면서 자신을 돌아보는 계기를 제공합니다. 나만의 게임 플랜에 맞게 게임을 했는지, 게임

OOO의 게임 일기

작성 일시 : ○○○○년 ○○월 ○○일

오늘의 게임 감정	😆 🙂 😑 ☹️ 😠
게임하면서 기분이 좋았던 일	
게임하면서 기분이 나빴던 일	

게임 일기

중에 즐거웠던 일이나 기분 나빴던 일은 무엇인지 기록해보면서, 기분이 나빴다면 그 이유를 스스로 생각해볼 수 있도록 합니다.

처음부터 게임 일기를 쓰는 걸 부담스러워한다면, 부모님과의 질의응답을 통해 스스로의 게임 생활을 돌아보고 게임을 하는 자신을 객관화할 수 있는 기회를 만들어줄 수도 있습니다. 이 역시 아이들의 관심사를 공유함으로써 부모님과 정서적 유대를 강화하는 계기가 되지요.

질문은 다음과 같이 던지면 어떨까 합니다.

① 오늘은 어떤 게임을 했어?

② 혹시 게임을 하면서 기분이 나빴던 일이 있었어?

③ 왜 (상대 플레이어의, 혹은 프로그램의) 그 행위가 기분이 나빴을까?

④ 만약 게임을 하는데 즐겁지 않으면 어떻게 해야 할까?

게임 리터러시 교육을 통해 아이들이 게임의 장단점을 스스로 파악하고, 부모가 자신이 즐기는 게임을 함께 탐구하며 놀이문화로서 인정한다는 생각을 갖게 한다면, 아이들과의 정서적 교류가 더 활발해질 수 있을 것입니다. 이를 통해 아이들이 자신의 생각과 감정을 표현하는 데 익숙해지도록 할 수 있습니다.

아이들이 게임을 하면서 느끼는 일시적인 쾌감과 즐거움을 게임 시간 이후에 차분한 마음으로 돌아보게 한다면 아이들 스스로 게임을 통제하는 단계에 이를 수 있습니다. 앞서 함께 공부한 아이들도 스스로의 게임 플랜을 통해 충분히 표현했듯이, 대부분의 아이들은 게임을 오래 하면 좋지 않다는 점을 스스로 충분히 인지하고 있습니다.

Class 2.

유튜브·소셜미디어

디지털 콘텐츠로
문해력과 어휘력 습득하는 법

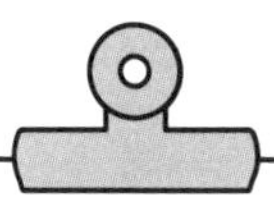

수업 목표

1. 소셜미디어의 역할과 위험성을 생각해본다.
2. 소셜미디어 사용습관을 돌아본다.
3. 소셜미디어 사용일지를 작성해본다.

수업을 준비하며

부모님들은 어렸을 때, KBS 2TV에서 방영되던 〈디즈니 만화동산〉을 보기 위해 일요일 아침 일찍 일어나신 적이 있나요? 매주 토요일 오후, 좋아하는 가수를 보기 위해 음악 프로그램이 시작되기를 기다리셨던 적이 있나요? TV 드라마를 보기 위해 하던 숙제를 멈추고, 집안일을 멈추고, 온 가족이 TV 앞에 모여 앉았던 기억이 있나요? 아마 모두가 공유하고 있는 기억일 겁니다. 우리 세대가 어렸을 때, 그러니까 80년대에서 90년대는 이런 모습이 보편적이었으니까요.

TV를 너무 많이 봐서 부모님께 혼났던 기억도 한 번씩은 있으실 겁니다. 옛날에는 TV를 '바보상자'라고 불렀잖아요? TV에 빠져 멍하니 만화영화를 보다가 공부하라며 혼이 나기도 하고 머리 나빠진다며 잔소리를 듣기도 했죠. 우리 부모님들은 TV에 노출이 있는 옷을 입고 나와 춤을 추는 가수들을 보면서 "너희도 저거 보다가는 비행 청소년이 된다"라며 혀를 끌끌 차기도 하셨습니다.

그런데 이제 부모 세대가 된 우리가 우리 아이들에게 똑같은 걱정을 하고 있죠? 물론 과거와는 좀 다른 차원의 걱정인 것 같기는 합니다. 우리 때는 그나마 TV에서 재미없는 것(뉴스 같은)을 할 때 자연스럽게 TV를 보지 않기도 했는데, 우리 아이들은 제지하지 않으면 하루 종일 영상 콘텐츠를 보고 있습니다. 더구나 뭐 하나 진득히 보지도 않습니다. 영상이 방금 시작된 것 같은데 금방 다음 영상으로 넘어갑니다. 또 유튜브에는 욕이 난무하는 저질 콘텐츠도 많아 보입니다. 영상 속 사람들의 노출도 너무 심해 보이고요. 게다가 우리 아이들은 뭔 '챌린지'를 한다며, 이런 것을 또 따라 하고 있습니다. 와, 이거 이대로 놔뒀다가는 우리 아이가 너무 나쁜 아이가 될 것만 같습니다.

그래서 부모님들은 아이들의 스마트폰 사용을 대부분 통제합니다. 통제하는 방법은 여러 가지입니다. 딱 정해진 시간에만 영상을 보도록 하는 부모님도 계시고요. 아이들이 볼 영상을 직접 지정하는 부모님도 계십니다. 하지만 이런 방법은 좀 어린아이들에게나 통할 법하고요. 아이들이 커서 스스로 학교와 학원을 가고, 부모님의 통제에서 멀어지고, 아이들 손에 스마트폰이 쥐여지면서부터는 아이의 영상 시청 습관을 통제하기 상당히 어려워집니다.

영상뿐 아니죠. 소셜미디어도 걱정입니다. 우리 때는 또래들과 어울린 반면 요즘 아이들은 아닙니다. 지금의 소셜미디어 속에는 또래만 있는게 아니거든요. 미성년자를 노린 범죄자들이 소셜미디어에서 활동한다는 뉴스가 끊임없이 나옵니다. 심지어 소셜미디어로 10대들에게 마약을 팔거나 10대들을 유통책으로 이용하는 사례도 보도되고 있습니다.

아이의 소셜미디어를 매번 들여다볼 수도 없는 일이고, 아이가 올리는 포스팅을 하나하나 검열할 수도 없죠. 아이에게 쏟아지는 DM을 실시간으로 감시할 수도 없는 노릇입니다. 옛날에는 집 밖에 나가야 위험했는데, 이제는 집 안에서도 안심할 수 없는 상황인 거죠.

그래서 의사들을 비롯한 많은 전문가들이 아이의 손에 스마트폰을 아예 쥐어주지 말라고 조언합니다. 유튜브도 보여주지 말고 소셜미디어도 하지 않는 편이 가장 좋다고 말합니다. 소셜미디어는 마약이라고 이야기하는 사람도 있습니다. 물론 아예 안 할 수 있다면 그렇게 하는 것이 가장 좋죠. 하지만 솔직히 쉽지 않다는 거, 다들 아실 겁니다. 우리도 유튜브나 소셜미디어 없이 살기 어렵잖아요? 유튜브는 10대들이 많이 이용하기도 하지만, 전 세대에 걸쳐 가장 많이 이용하는 어플리케이션입니다.[1]

유튜브나 소셜미디어는 현대인들의 삶의 터전이기도 합니다. 여기에서 중요한 정보가 돌고, 여기에서 경제활동이 이루어집니다. 아이들의 인간관계가 형성되고 학습이 이루어지기도 합니다. 실제로 코로나19 당시 수업도 태블릿PC를 활용한 소셜미디어로 이루어졌죠. PC통신에서 인터넷으로 스마트폰으로 인공지능으로, 아이들이 살아가는 시대는 순식간에 바뀌는데 '미디어 쇄국정책'이 과연 답일까요? 집 밖에 나가지 않는 것이 비교적 안전하다고 해서 아이를 집 안에만 두는 것이 정답일까요? 가급적 아이들이 온라인 세상 밖으로 나오는 것이 가장 좋습니다만, 그게 어렵다면, 아이들이 유튜브나 소셜미디어 등 늘 접하고 있는 미디어의 성격을 잘 인지하고, 잘 활용할 수 있도록 알려줘야 합니다. 이번 수업도 이 목표를 향해 갑니다. 시작해볼까요?

아이들에게 유튜브는 '일상'이다

먼저 아이들에게 여러 소셜미디어 중 어떤 것을 가장 많이 이용하는지 물었습니다. 역시 유튜브가 압도적입니다. 아이들은

유튜브·소셜미디어 수업에서 던져야 할 중요한 질문

친밀한 접근	① 네가 요즘 가장 많이 이용하는 SNS는 뭐야? ② 거기서 가장 많이 하는 활동은 뭔데?
생활 습관 점검	① 영상을 볼 때, 어떤 것을 가장 많이 보니? ② 영상을 고르는 기준이 있어? ③ 영상 하나를 몇 분 정도 봐? 가장 길게 본 영상은 뭐야? ④ 유튜브를 보다가 잠을 이루지 못한 적도 있니? ⑤ '내가 좀 유튜브 중독 같다'고 느꼈던 적이 있어?
소셜미디어에 대한 접근	① 소셜미디어가 무엇일까? ② 유튜브는 왜 '소셜미디어'로 분류될까? ③ 사람들은 소셜미디어를 언제 이용할까? ④ 소셜미디어에 빠져 있으면, 어떤 문제가 생길까?
사고 확장	① 소셜미디어 없이 살 수 있을까? ② 소셜미디어를 잘 활용할 수 있는 방법은 없을까? ③ 왜 사람들은 소셜미디어에 모여 있을까?

각자의 관심사에 맞는 영상을 유튜브에서 찾아 시청했습니다. 게임을 좋아하는 친구는 게임 영상을 보고, 아이돌을 좋아하는 친구는 아이돌 영상을 찾아봤습니다. 그리고 어떤 관심사든 아이들은 유튜브 알고리즘에 따라 추천된 피드로 영상을 시청하는 경향이 두드러졌습니다. 유튜브가 알아서, 보는 사람의 관심사를 포착해 제공하는 것, 그러니까 바로 이 알고리즘이 아이들을 유튜브에 내내 붙들어놓는 주범이었습니다. 그리고 아이들은 주로 '숏폼'을 시청하고 있었는데요. 길어야 10여 초 분량의 쇼츠 영상을 보고 손가락으로 휙휙 넘기는 방식으로 유튜브 콘텐츠를 소비했습니다. 그래서 먼저 아이들에게 이 질문을 던졌습니다.

"너희들이 유튜브에서 가장 길게 본 영상은 뭐야?"

50분에서 1시간짜리 영상을 봤다고 답한 친구도 있었지만, "20분 정도의 브이로그 영상"이 가장 길었다는 응답도 있었습니다. 하지만 그 정도 길이의 영상을 '본 적이 있다'는 것일 뿐, 대체로 1분 안쪽의 짧은 '쇼츠'가 역시 대세였습니다.

왜 숏폼일까요? 사실 "왜"라는 질문에는 누구도 선뜻 답을 할 수 없습니다. "왜 유튜브를 봐? 왜 짧은 영상을 봐?"라는 질문에는 "재미있으니까"라는 답 외에 할 말이 없거든요. 아이들은 과도한 유튜브 시청이 좋지 않다는 것을 이미 알고 있기 때문에 '왜'라는 질문에 그럴싸한 마땅한 명분을 찾기 어려울 것입니다.

그래서 먼저 아이들에게 "너희들이 유튜브라는 플랫폼에 왜 빠져들 수밖에 없는지", 특히 "왜 짧은 영상이 더 재미있는지" "왜 짧은 영상을 보면서 핸드폰을 끄기가 어려운지", 그렇게 될 수밖에 없는 이유를 알려줘야 합니다. 그럼 먼저 소셜미디어라는 것이 무엇인지 알아봅시다.

옛날에는 소셜미디어를 소셜 네트워크 서비스Social Network Service라고 불렀습니다. 흔히 SNS라고 불렀죠? 하지만 요즘에는 SNS보다는 '소셜미디어'라는 표현을 많이 씁니다. '미디어'는 라틴어에서 왔는데, '가운데'라는 의미가 있습니다. 그러니까 미디어는 누군가가 생산한 정보를 '가운데'에서 다른 사람에게 전달하는 매개체라고 보시면 될 것 같습니다.

그럼 '소셜Social'은 대체 여기 왜 들어가 있을까요? 소셜, 말 그대로 사회적인 성격을 갖는 미디어라는 의미입니다. "저 친구 사회적인 성격이야"라고 하면, 많은 사람과 두루두루 잘 지내는 사람들을 의미하죠? 누군가가 만든 정보를 가운데에서 다른 사람들에게 일방적으로 전달하는 것이 과거의 미디어, 즉 '매스미디어'입니다. 하지만 소셜미디어는 정보를 전달하는 미디어가 정보를 받는 사람들과 서로 소통하고 의견을 주고받습니다.

그래서 '소셜미디어'라 하면, 페이스북이나 인스타그램뿐 아니라 블로그나 카카오톡, 유튜브 등 소통할 수 있는 홈페이지 혹은 어플리케이션을 모두 포함합니다.

설명이 어려울 땐 잘 정리된 영상을 보는 것이 최고입니다. 아이들에게는 '다음세대재단'이라는 곳에서 제작한 3분 정도의 짧은 영상을 보여줬습니다. 앞서 설명한 소셜미디어의 특성을 설명한 영상인데요.[2] 소셜미디어가 어떻게 등장하게 됐는지, 이 소셜미디어의 등장으로 정보의 생산·유통 과정이 어떻게 변하게 됐는지 직관적으로 잘 설명해주는 영상입니다.

영상을 본 뒤, 아이들에게 소셜미디어의 특징이 무엇인지 질문해봅시다. 이런 질문에 대한 답에는 정답이 없습니다. 영상에 나온 특징을 하나라도 이야기할 수 있다면, 그 자체가 훌륭한 것입니다. 아이들에게는 재미없을 수 있는 학습 영상을 나름 집중해서 봤다는 의미니까요.

이 영상에서 나오는 '소셜미디어를 규정하는 대표적인 특성'을 몇 가지로 정리해보겠습니다. 첫 번째, 소셜미디어는 '연결된' 곳입니다. 기존의 미디어, 그러니까 매스미디어는 아주 일방적입니다. 기자나 PD 같은 전문가들이 정보를 만들어 TV나 라디오, 신문 같은 플랫폼에 담아 내보내면 불특정 다수의 시청자, 독자들이 읽습니다. 특정인이 만든 정보를 대다수가 보기만 할 뿐이죠. 일방적인 방식이죠? 반면 소셜미디어에서는 누구나 정보를 만들 수 있고 누구나 소비할 수 있습니다. 독자나 시청자들이 댓글을 통해 제작과정에 대해 의견을 낼 수도 있습니다. 쌍방향 소통이 가능하죠.

두 번째, 소셜미디어는 '실시간'으로 움직입니다. 일반적으로 신문은 매일 아침에, TV 메인뉴스는 저녁에 봐야 하지만, 소셜미디어에서는 실시간으로 정보가 유통됩니다. 내가 찍어 올린 사진을 동시에 전 세계에서 수십만 명, 수백만 명이 지켜볼 수도 있죠.

세 번째 특징은 '확장성'입니다. 과거 TV뉴스는 특정 시간과 장소에서만 볼 수 있었고, 신문은 돈을 주고 구독해야만 접할 수 있었습니다. 반면 SNS는 어디서나 볼 수 있고 모든 것이 공짜입니다. 쉽게 접근할 수 있죠. 그리고 공유가 편리합니다. 뉴스를 보고 기억하고 요약해서 누군가에게 전할 필요가 없습니다. 그냥 링크를 복사해서 올리기만 하면 되죠. 예전에는 아침에 보도된 신문 속 기사가 전국에 퍼지는 데 하루가 걸렸다면, 이제는 단 10분 만에 전 세계로 퍼질 수 있습니다.

하지만 소셜미디어에서 접하는 정보는 정확하지 않을 수 있습니다. 순식간에 허위정보가 퍼질 수도 있죠. 특유의 확장성 때문에 실시간으로 유포된 정보를 회수하는 것도 불가능합니다.

아이들에게 이런 특징을 설명해주시고 "그렇다면 유튜브는 왜 소셜미디어일까?"라는 질문을 던져보세요. 아이들 스스로 유튜브의 특성에 대해 생각해보도록 하는 것입니다.

'소셜미디어'의 강력한 힘

특정할 수 없는 매우 많은 사람들에게 동시에 전파될 수 있는 소셜미디어는 강력한 힘을 지니고 있습니다. 이 강력한 힘은 때로 역사를 바꾸기도 하지요. 유튜브나 트위터, 페이스북 같은 소셜미디어를 통해 역사가 바뀐 사례가 실제로 있습니다. 바로 '아랍의 봄'입니다. EBS1에서 만든 〈지식채널 e〉는 역사적 사건과 각종 상식을 영상을 이용해 쉽고 재미있게 풀어줍니다. 아이들에게도 〈지식채널 e〉의 '아랍의 봄'에 대한 영상[3]을 보여줬습니다.

24년간 집권한 튀니지의 벤 알리(1936~2019년), 33년간 집권한 예맨의 알리 압둘라 살레(1942~2017년), 42년간 집권한 리비아의 무아마르 카다피(1942~2011년), 30년간 집권한 이집트의 무하마드 호스니 무바라크(1928~2020년)는 모두 중동과 북아프리카 지역의 독재자들입니다.

그런데 영원할 것 같았던 이들의 장기집권을 저지한 것이, 다름 아닌 스마트폰과 소셜미디어였습니다. 튀니지에서는 2010년 12월, 과일 노점상을 하던 청년이 스스로의 몸에 불을 붙여 사망한 사건이 발생했습니다. 살인적인 물가폭등과 높은 실업률에 항거하는 의미에서 벌어진 사건이었죠. 하지만 신문과 방송 등 현지의 주요 미디어는 이 사건을 보도하지 않고 있었습니다.

튀니지 국민들은 유튜브를 비롯한 소셜미디어를 활용해 이 사건을 국내는 물론 전 세계로 전파했습니다. 사건은 독재 정권이 손을 쓸 수 없을 만큼 빠른 속도로 알려졌고, 소셜미디어를 통해 튀니지 국민들이 하나로 결집되면서 전국적인 저항운동이 벌어졌습니다. 만약 소셜미디어가 없었다면 이 사건은 아예 묻혔거나, 입에서 입으로만 전해지면서 매우 느린 속도로 전파됐을 것입니다.

리비아에서도 이집트에서도 예멘에서도 마찬가지였죠. 독재 국가 곳곳에서 자행되는 권력의 횡포와 이에 대한 각 국민들의 저항 소식이 구석구석 퍼져나갔고 세상이 변하기 시작했습니다. '아랍의 봄' '재스민 혁명'이라 불린 중동 지역의 대대적인 민주화 운동은 이렇게 시작했습니다. 이 운동은 당시 전 세계가 스마트폰과 소셜미디어가 가진 거대한 힘에 주목하는 계기가 되었죠.

영상을 보여준 뒤 아이들에게 물어봤습니다.

① 사람들은 왜 언론이 아니라 소셜미디어에 자신들의 소식을 알렸을까?
② 소셜미디어가 없던 시절이었다면, 이분들은 지금 어떻게 살고 있었을까?
③ 지구 반대편의 사람들까지, 왜 이분들의 소셜미디어에 관심을 가졌을까?
④ 너희가 올린 소셜미디어 게시물이 전 세계적인 반응을 얻으면 어떤 기분일 것 같아?

깊이 생각해야 하는 어려운 주제이지만, 소셜미디어에 대한 사유를 확장하는 질문들입니다. 아이들의 답변을 들은 뒤에는 개인과 개인이 소셜미디어를 통해 연결되고, 이 연결된 개인을 통해 정보의 확산이 매우 빠른 속도로 이뤄진다는 점, 정보 확산 과정에서 정치적·사상적인 동질감이 생긴다는 점, 이를 통해 하나의 커다란 정치적 흐름이 생겨날 수 있다는 점, 이를 잘 활용하면 우리가 살아가는 사회 발전에 큰 도움이 될 수 있다는 점 등을 알려주시면 됩니다. 아이들은 자신들이 언제 어디서든 쉽게 접할 수 있는 소셜미디어를 통해서 이렇게 역사적인, 거대한 사건이 벌어졌다는 것에 흥미를 느낄 것입니다.

"어때? 소셜미디어가 꼭 나쁜 것만은 아니지?"

하지만, 좋은 것만 있을 리가 있나요. 소셜미디어가 가진 '힘'은 긍정적인 모습으로만 나타나지 않습니다.

이번에는 아이들에게 소셜미니어에 중독된 사람들의 뇌 변화를 추적한 SBS의 보도를 보여줬습니다.[4] 보도에서는 하루 20회 이상 소셜미디어를 사용하는 청소년과, 그렇지 않은 청소년을 비교해서 본 미국 연구팀의 연구 결과가 나왔는데요. 요약하면 소셜미디어를 많이 사용하는 청소년들의 편도체 활성도가 3년 내내 급격하게 상승했다는 것이었습니다. 쉽게 말하면 소셜미디어를 많이 사용하는 청소년들이 그렇지 않은 청소년들에 비해서 훨씬 더 예민해졌다는 뜻입니다. 이것이 성인까지 이어지면 충동성 조절 장

애가 생길 수 있으니, 소셜미디어를 균형 있게 사용할 수 있도록 청소년 시절부터 교육해야 한다는 것이 이 뉴스의 결론이었습니다.

이 보도를 보고, 아이들이 적잖이 충격을 받은 모양입니다. 한 친구는 "아~ 왜 자꾸 뇌가 나빠진대~"라며 볼멘소리를 합니다. 앞선 시간에 게임이 뇌에 악영향을 준다는 보도를 봤었거든요. 그럼 이제 다시 질문해봅니다.

① 혹시 하루 20번 이상, 유튜브나 카카오톡을 켜니?
② 유튜브를 보다가 '그만 봐야겠다' 생각했는데도 어플리케이션을 계속 끄지 못하고 영상을 봤던 적이 있니?
③ 그만 봐야겠다고 생각했다면, 왜 그런 생각을 했을까?
④ 그런 생각이 들었는데도, 왜 계속 보게 되는 걸까?

이런 질문에 아이들의 생각이 깊어집니다. 하루에도 수십 번 유튜브에 접속하고 이어지는 알고리즘에 속수무책으로 시청을 이어가다가 '그만 봐야지'라고 생각한 적, 아이들도 한두 번이 아니었을 것입니다. 어른들은 잘 알죠. 어른들도 그렇거든요. 그래서 아이들에게 생각할 거리를 던졌습니다. '왜 못 끊었을까'라는 자책을 유도하는 것이 아니라 '왜 내 마음속에서 소셜미디어를 이제 그만 봐야 한다고 했을까?'에 대한 질문입니다. 내 마음속을 한번 들여다보기 위한 질문입니다.

자, 이번엔 소셜미디어가 가진 힘의 이면에 대해 설명해봅시다. 많은 사람이 나와 같은 생각을 공유한다는 것은 특별한 경험입니다. 인간은 사회적 동물이지만, 개성이 강한 동물이기도 하거든요. 옛날엔 내 관심사를 공유할 수 있는 친구를 만나는 것이 쉽지 않았는데, 소셜미디어에서는 특정 관심사를 공유하는 사람들을 쉽게 또 많이 만날 수 있습니다. 이 특징은 소셜미디어의 커다란 장점이지만, 또 한편으로는 커다란 단점입니다. 소셜미디어에 접속하는 동안은 내 관심사 위주로 피드를 볼 수 있고 스스로 인정받는 기분이 들지만, 지나치면 현실을 왜곡하게 되고 강력한 온라인 중독으로 이어집니다. 이 현상이 심해지면 타인과 자신의 '차이점'을 인정하지 못하는 데까지 나아갈 수 있습니다. 비슷한 생각을 공유하고 나누다 보니, 그들이 공유하는 정보가 사실이 아닌 정보라고 할지라도 쉽게 믿게 되고, 나아가 본인이 확산의 주체가 되기도 합니다. 이것이 '가짜뉴스'가 퍼지는 알고리즘입니다.

숏폼의 활용

이번엔 유튜브에 집중해봅시다. 특히 숏폼에 대해서 말이죠. 사실 유튜브의 시작 자체가 '숏폼'입니다. 2005년 4월 24일, 자웨

드 카림이라는 독일인이 미국 샌디에이고의 한 동물원에서 찍은 영상을 온라인에 올렸습니다. 딱 19초짜리 영상인데요. 이 영상이 바로 유튜브의 시작입니다. 내용도 별것 없습니다. "와 코끼리 코가 멋져요"라는 정도의 이야기였죠.

이 짧고 의미 없어 보이는 영상이 시대를 바꾸는 신호탄이 됐습니다. 이 영상은 유튜브 1호 영상으로, 제목은 'Me at the zoo(동물원의 나)'입니다. 아이들이 유튜브를 좋아한다면 이 영상을 한번 보여주는 건 어떨까요? 다소 허술해 보이는 이 영상이 "유튜브 1호 영상이야" 이렇게 설명한다면 아이들이 신기해할 것 같습니다.

숏폼은 해석 그대로 '짧은 형식'입니다. '짧다'는 건 주관적인 개념이죠. 그래서 '숏폼'의 개념도 시간이 지나며 변하고 있습니다. 예전에는 숏폼을 '10분 이내의 짧은 영상'으로 규정했는데요. 아이들이 이 얘기를 듣고 화들짝 놀랍니다. "네? 10분이 짧아요?" 맞습니다. 지금은 10분이면 '롱폼'이죠. 어떤 사람은 '숏폼'을 15초 이내로 규정하기도 합니다.

유튜브를 시청하는 대부분의 사람들은 일단 숏폼을 보기 시작하면 중단하기 어려워합니다. 영상은 15초밖에 안 되는데, 수 시간 가만히 앉아 숏폼만 볼 수도 있습니다. 1시간 짜리 영상을 1시간 동안 보는 것은 유튜브의 시청 패턴이 아닙니다. 15초짜리 영상을 1분에 네 개씩, 1시간에 240개 보는 것이 유튜브식의 시청 패턴입니다.

중국에서 만들어진 틱톡이 숏폼으로 흥행하자 인스타그램이 릴스를 내놨고요, 유튜브도 쇼츠를 출시했습니다. 숏폼은 안 그래도 쉬워진 영상 제작의 진입장벽을 획기적으로 낮췄습니다. 숏폼을 만들고자 한다면, 굳이 프리미어 같은 어려운 편집 툴을 배우지 않아도 됩니다. 핸드폰 앱만 다운받으면 간단하게 만들 수 있습니다. 업로드도 순식간이고, 확산 속도도 훨씬 빠릅니다. 순식간에 수백만 명의 사람들이 볼 수도 있고 피드백을 주고받을 수도 있습니다. 쉽고 빠르고 재미있습니다. 안 할 이유가 없겠죠?

여기에 강력한 알고리즘으로 짜인 숏폼은 비슷한 주제의 짧고 자극적인, 강렬한 영상들을 끊임없이 제공합니다. 아이브의 숏폼을 한 번 보면, 아이브 멤버의 일상이 남긴 브이로그가 순식간에 이어지고, 아이브 공연 실황이 담긴 직캠도 순식간에 연결됩니다. 눈 돌아갈 틈이 없습니다. 하나의 영상은 15초면 끝나지만, 흥미로운 새로운 영상이 계속 이어집니다. 이보다 재미있고 자극적인 걸 찾기는 어렵습니다. 그래서 아이들도 숏폼을 중심으로 유튜브를 소비하고 있고요. 어른들도 마찬가지입니다.

이러한 숏폼을 놓고 아이들과 대화를 나눠봤습니다. "왜 긴 영상을 안 보게 될까?" "우리가 짧은 영상을 고르는 기준은 뭘까?" "어떤 영상을 그만 보게 되고, 어떤 영상을 계속 보게 돼?"라는 등의 질문을 던졌고, 아이들은 각자의 이유를 설명했습니다.

그러고 나서 숏폼이 사람에게 어떤 영향을 미칠 수 있는가에 대해 생각해보는 시간을 가졌습니다. 숏폼의 악영향에 대한 영상을 먼저 아이들에게 보여줬는데요. 100만 명 이상의 구독자를 보유하고 있는 의사 선생님들이 만든 유튜브 채널, 〈닥터 프렌즈〉의 영상[5]이었습니다.

이 영상에서 내과 전문의 정희원 선생님은 "숏폼 영상을 보면 안 된다"고 단언합니다. 숏폼을 만들 때 엔지니어들은 사람의 도파민[6]을 최대한 뽑아낼 수 있는 방향으로 AB테스트[7]를 거쳐 인터페이스를 만들어냈고, 심지어 이 인터페이스들이 경쟁을 거듭해 가장 강력한 것이 살아남았기 때문에, 이런 기술을 상대로 인간이 중독에서 벗어날 길은 없다는 결론으로 이어집니다. 숏폼은 사람의 뇌를 매우 강하게 자극하는데 마치 그 정도가 "합성 마약과 비슷한 정도"라는 결론에 이릅니다. 합성 마약에 중독되면 일상생활에 아무런 재미를 느끼지 못하고 세상이 흑백처럼 보인다고 하는데요. 숏폼 역시 이와 비슷하다고 합니다.

아이들에게 이 영상을 보여주자 매우 큰 충격을 받은 듯한 표정입니다. 다음 시간에 나눈 이야기이긴 하지만 다빈이는 이 영상을 보고 유튜브 앱을 아예 삭제했다고 합니다. "아니 뭘 그렇게

까지 하냐"고 농담을 건넸지만, 자신의 유튜브 영상 시청 습관을 스스로 돌아봤기 때문에 가능한 결정이었을 것입니다.

부모님들이 유튜브 문제로 자녀와 씨름을 하는 것보다 오히려 유튜브를 활용해 여러 정보를 아이들에게 직접 보여주고, 아이들이 생각해볼 수 있는 계기를 만들어주는 것이 이렇게 더 큰 효과를 발휘할 수도 있습니다.

영상을 본 뒤 침묵에 빠진 아이들에게, 사실 여러분들이 본 "숏폼은 안 된다"고 말하는 이 의사 선생님들의 영상도 어떻게 보면 숏폼으로 분류될 수 있는 영상이라고 농담을 던졌습니다. 이 영상도 6분 정도의 영상이거든요. 하지만, 누구도 이 영상을 '합성마약'처럼 위험한 영상이라고 생각하지는 않을 겁니다. 숏폼이냐 아니냐, 유튜브냐 아니냐가 문제가 아니라 거기서 어떤 영상을 보고 어떤 생각을 하느냐가 중요하다고 이야기했습니다.

아이들에게 옛날 비디오테이프 속 경고 메시지를 보여주기도 했는데요. 부모님 세대라면 모두가 알고 있는 영상입니다. "옛날 어린이들에게는 호환·마마·전쟁 등이 가장 무서운 재앙이었으나"로 시작하는 바로 그 애니메이션입니다. 이 영상을 보고 의아해하는 아이들에게 이런 설명을 했습니다.

"우리 세대의 부모님 세대, 그러니까 할머니, 할아버지 세대는 우리 세대가 비디오테이프를 보고, TV를 보면서 악영향을 받는 걸 무척 두려워했어. 그래서 비디오를 무분별하게 보면 비행 청소년이 될 수 있다는 경고 메시지를 이렇게 만들어 남기기도 했지. 하지만 비디오테이프를 빌려 보고, TV로 드라마를 봐 온 부모 세대가 모두 비행 청소년이 된 것은 아니잖아? 무엇을 보느냐도 중요하지만, 그걸 어떻게 보느냐가 더 중요해."

자, 이제 뉴스 한 꼭지를 아이들에게 보여줍니다. 〈매일경제TV〉의 보도[8]인데요. 숏폼 콘텐츠가 널리 확산되고 있고 유통업계에서도 이 숏폼을 활용해 마케팅을 펼치고 있다는 보도입니다. 그렇습니다. 마약만큼 위험하다는 숏폼은, 또 한편으로는 우리 아이들에게 기회의 땅이기도 합니다. 아이들의 일상이 혹은 일터가 숏폼과 떼려야 뗄 수 없는 관계에 있을 수도 있습니다. 아이들이 이 숏폼을 활용해 자신의 꿈을 펼칠 기회를 잡을 수도 있고, 큰 성공의 경험을 누릴 수도 있습니다.

스스로 조절할 수 있는 능력

이렇게 두 번째 수업이 끝났습니다. 아이들이 게임보다 영상과 소셜미디어를 더 많이 접하고 있어 그런지, 두 번째 수업의 집중도가 훨씬 더 높았습니다. 수업을 마치고 아이들에게 수업을 들은 느낌이 어땠는지 물었습니다. 많은 아이들이 유튜브를 시청하더라도 어느 정도 시간을 정해놓고 사용해야겠다는 생각이 들었다고 말했습니다. 그중 아예 유튜브 앱을 지워버렸다는 다빈이는 “수업을 듣고 생각해보니, 제가 너무 유튜브를 많이 보는 것 같기도 했어요”라고 말했습니다.

어린이는 충동을 조절하는 데 있어 성인보다 어려움을 더 많이 겪습니다. 특히 청소년 시절에는 더욱 그렇죠. 소셜미디어나 숏폼 등의 온라인 플랫폼이 어린이나 청소년들에게 더욱 악영향을 미칠 수 있다는 우려도 여기에서 나옵니다.

그렇다고 해서 우리 아이들이 ‘생각이 없는 존재’는 아닙니다. 특히 청소년 혹은 청소년기에 근접한 아이들은 가치를 판단하고 상황을 조절할 수 있는 능력을 충분히 갖추고 있습니다. 리터러시 교육의 특징 중 하나는 아이들의 판단력과 조절력을 믿고, 아이들이 스스로 판단하고 조절할 수 있도록, 자신의 판단에 합리적 근거를 찾을 수 있도록 균형 잡힌 정보를 제공해주는 것입니다. 아이들은 충분한 정보를 제공받고 기회를 부여받았을 때, 어른들이 생각하는 것보다 훨씬 합리적인 선택을 하곤 합니다.

유튜브를 활용한 문해력 수업

유튜브를 활용한 글쓰기 연습은 이미 여러 리터러시 교육에 널리 활용되고 있습니다. 유튜브를 단순히 보는 것에 그치지 않고 유튜브를 보고 그 내용을 정리하고, 정보를 습득하고, 정보에 대한 가치 판단을 내리고, 자신이 습득한 정보를 바탕으로 새로운 정보를 만드는 것까지 이어지는 방식입니다.

먼저 아이들이 관심 있어 할 만한 주제를 선정합니다. 아이들이 정치와 사회에 관심이 없다고 흔히들 생각하지만, 기후 변화나 교육 문제, 노키즈존 등 아이들의 삶과 직결된 정치·사회 문제에 대해서는 생각보다 관심이 많습니다. 이런 주제를 정해서 부모님이 먼저 정한 유튜브 콘텐츠를 함께 시청하고 정리하며 토의해보는 과정이 필요합니다. 유튜브의 제목, 유튜브가 만들어진 날짜, 유튜브 콘텐츠의 주제를 정리해보고, 이 유튜브 콘텐츠를 보고 나서 내가 느낀 것 세 가지 정도를 정리해보도록 하면 좋습니다.

아이들이 기록하는 데 익숙하지 않다면, 부모님과 질문을 주고받으며 시청한 유튜브 콘텐츠 내용을 아이들이 반추할 수 있도록 하는 것이 좋습니다. 아이들이 쓴 글이, 답변이 엉성해 보이더라도 아이들이 콘텐츠를 보고, 생각을 하고, 그 생각을 정리해서 답을 했다는 것 자체에 큰 의미를 부여하셔야 합니다.

① 이 영상은 누가, 왜 만들었을까?

② 이 영상은 무슨 말이 하고 싶었던 걸까?

③ 이 영상을 보고 새롭게 알게 된 것이 있어?

④ 혹시 부족하거나 아쉬운 내용이 있다면 뭐야?

⑤ 영상을 보고 어떤 생각이 들었어?

유튜브 콘텐츠 정리 과정이 익숙해지면 해당 유튜브 콘텐츠 내용을 요약해보거나 콘텐츠에 나온 잘 모르는 어휘를 직접 쓰고 찾아보는 연습을 해봐도 좋습니다. 나아가 직접 아이들이 관련 주제에 맞는 유튜브-소셜미디어 콘텐츠를 찾아보고 해당 영상에 대한 소개를 하는 것도 좋습니다. 이 방법을 쓰면 뜻밖의 수확을 거둘 수 있는데요. 바로 유튜브가 알고리즘으로 이루어지기 때문에, 아이들의 유튜브 피드에 학습적이고 교육적인 활동이 잡히게 된다는 것입니다.

또 더 나아가 이 과정이 익숙해진다면, 직접 유튜브 콘텐츠를 기획하고 제작해볼 수도 있습니다. 유튜브 콘텐츠 기획서에는 주제, 영상 콘텐츠 제작 목적, 콘티, 썸네일 그려보기 등이 포함될 수 있습니다.

유튜브 글쓰기 연습

작성 일시 : ○○○○년 ○○월 ○○일

유튜브 제목	
시청 일시	
유튜브 세 줄 요약	
유튜브를 보면서 느낀 것	

유튜브 콘텐츠를 소개합니다

작성 일시 : ○○○○년 ○○월 ○○일

유튜브 제목	
소개해주고 싶은 사람	

소개해주고 싶은 사람

소개하고 싶은 이유

소개해주고 싶은 사람에게 쓰는 편지

작성 일시 : ○○○○년 ○○월 ○○일

유튜브 장르			
뉴스	예능	교육	브이로그
유튜브 제목			
유튜브 주제			
유튜브 시청 타깃층			
유튜브 제작 목적			
썸네일			
내용			

Class 3.

콘텐츠 정보

많은 콘텐츠 속에서
핵심 정보 분석하기

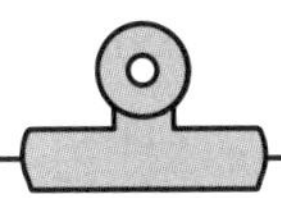

수업 목표

1. 정보의 중요성에 대해 확인해본다.
2. 콘텐츠에서 정보를 분리해본다.
3. 정보 전달의 차이를 알아본다.

보고, 듣고, 읽는 것에 의미 붙이기

'정보'라는 단어를 들었을 때, 어떤 느낌이 드시나요? 혹시 뭔가 거창한 느낌이 들지는 않나요? '국가정보원'이라는 조직이 생각나실 수도 있고 첩보 영화가 생각나는 분들도 있을 텐데요. 그렇게 느끼셨거나 '정보'라는 단어에 거리감이 드신다면, 그 이유는 '정보'라는 단어가 우리의 일상생활에서 잘 쓰이지 않기 때문일 것입니다. 드라마나 영화 같은 곳에서나 나올 법한 단어잖아요? 일상에서 친구들 혹은 자녀들에게 "이봐, 정보나 좀 줘봐"이런 말을 잘 하지는 않으니까요.

하지만 이 단어를 잘 쓰지 않는다고 해서 정보가 없는 것은 아닙니다. 정보는 우리 주변에 널려 있습니다. 공기와 같은 것이죠. '공기'나 '산소' 같은 단어들도 일상에서 자주 사용하지는 않습니다만, 우리가 그 중요성을 모르지는 않습니다. 실제로 인간은 정보 없이 살 수 없죠.

우리가 하는 모든 행위는 정보를 기반으로 합니다. 밥 한 끼 먹기 위해서도 수많은 정보가 필요하죠. 김치찌개 하나를 먹기 위해서는 김치찌개에 뭐가 들었고, 그 맛은 어떤지, 어디서 먹을 수 있는지, 가격은 얼마인지 등의 '정보'가 필요합니다. 우리 뇌는 어떠한 의사결정을 내릴 때 그동안 우리가 살면서 보고 들었던 모든 정보를 바탕으로 합니다. 우리가 보고 듣고 겪으며 수집한 정보를 바탕으로 오늘의 점심 메뉴에 가장 어울리는 메뉴를 '김치찌개'로 결론 내리는 거죠. 점심에 맛있는 김치찌개를 먹으면 기분이 좋아지지만, 맛이 없으면 기분이 나빠질 수 있는데요, 이 역시 식당에 대한 정보가 있느냐 없느냐에 따라 달라질 수 있습니다. 우리가 가지고 있는 정보가 이렇게나 중요합니다.

우리 아이들의 학습도 사실은 정보 습득 과정입니다. 아이들은 학교에서 수업을 듣고 학원에서도 수업을 듣습니다. 집에 와서는 참고서와 문제집을 읽고 문제를 풉니다. 모두 수능이라는 특정 목적을 염두에 둔 정보 수집 활동입니다(게다가 요즘은 부모님들이 직접 나서서 입시 정보를 수집하지요). 정보는 우리 주변에 널려 있지만,

그중에서 필요한 정보, 좋은 정보를 찾아내고 골라내는 일은 그렇게 쉬운 일이 아닙니다. 특히 요즈음은 더욱 그렇습니다. 지금 이 세상에는 정보의 양이 너무나 많아졌기 때문입니다.

리터러시 수업을 함께 했던 아이들은 2011년생, 2012년생 친구들입니다. 이 아이들이 태어나기 전, 그러니까 지난 수천 년간 인류가 만들어낸 정보의 양보다, 이 아이들이 태어난 이후 불과 10여 년 사이에 만들어진 정보의 양이 훨씬 많습니다. 그래서 리터러시 교육의 중요성이 더 커졌습니다. 정보의 특성을 잘 파악하고 자신에게 필요한 양질의 정보를 수집해야 하죠. 학습도 마찬가지입니다. 정보를 잘 찾아서 자신에게 잘 적용하는 학생이 그렇지 않은 학생들보다 문제 해결 속도가 더 빠릅니다. 그래서 리터러시는 "다른 지적 영역의 배움을 매개하고 촉진하는 핵심적인 '학습 도구'"라는 평가를 받습니다.[1]

그래서 세 번째와 네 번째 수업에서는 아이들과 함께 '정보'에 대해 이야기해보기로 했습니다. 이 수업의 목표는 아이들 스스로 살아가면서 활동하는 모든 행위가 '정보 수집 행위'임을 인식하고 각 정보 전달 방식의 특성과 그 효과를 직접 체험하도록 하는 것입니다. 첫 번째, 두 번째 수업이 아이들과 친숙한 소재로 수업의 문턱을 낮추고자 하는 데 목표가 있었다면, 이 세 번째 수업부터는 바로 진짜 리터러시 수업의 시작이라고 할 수 있습니다.

정보 전달 수업에서 던져야 할 중요한 질문

개념 확립 (팸플릿·전단 활용)	① 여기서 우리가 알 수 있는 정보를 찾아볼까? ② 이 정보를 어떻게 활용할 수 있을까?
정보 전달 방법에 대한 인식 (뉴스 활용)	① 사진으로 본 뉴스와 글로 된 뉴스에 어떤 차이가 있을까? ② 동영상으로 본 뉴스는 어떤 느낌이야? ③ 글, 사진, 영상은 어떤 정보를 전달할 때 좋을까?
정보 전달 플랫폼에 대한 인식 (뉴스·소셜미디어 활용)	① 뉴스는 어떨 때 보고, 소셜미디어는 어떨 때 볼까? ② 어떤 것이 더 잘 와닿는 것 같아? ③ 어떤 것이 더 믿음이 가는 것 같아? 왜 그럴까? ④ 소셜미디어에 빠져 있으면 어떤 문제가 생길까?

정보는 '모든 것'이다

먼저 아이들에게 '정보'의 어원을 설명했습니다. '정보情報'는 '뜻 정情' 자에 '알릴 보報' 자로 이루어진 한자어입니다. '여러 소식과 자료를 그 의미에 맞게 정리하여 다른 사람들에게 알린다'는 의미입니다. 아이들에게는 '새로운 소식이나 자료, 그중에서 특히 인간이 활용할 수 있는 것'을 '정보'라 정의해줬습니다.

너무 먼 얘기 같죠? 그래서 아이들에게 학교에서도 흔하게 접할 수 있는 안내문, 팸플릿 같은 것을 보여줬습니다. 코로나19에서 벗어난 지 얼마 안 된 시점이었기 때문에, 보건복지부에서 코로나19 사태 초기 때 만든 안내문을 보여줬는데요. 그 내용은 아래와 같았습니다.

> 최근 중국 우한시에 거주하였거나, 또는 여행을 다녀온 분들 가운데
> ① 발열 37.5도 이상과
> ② 호흡기 증상(기침, 콧물, 가래, 호흡곤란, 흉통 등)이 발생한 분께서는, 의료기관으로 바로 들어오지 마시고 먼저 질병관리본부 콜센터(전화번호: 1339)로 전화하여 관련 상담을 받으시고 안내에 따라주십시오.

이 짧은 안내문에서 우리가 얻을 수 있는 정보는 무엇일까요? 아이들에게 한번 찾아보자고 했는데요. 아이들은 역시 낯설어

합니다. 잘 해보지 않은 방식의 접근이거든요.

자, 이 안내문을 통해 얻을 수 있는 정보들은 이렇습니다. 먼저 전염병이 돌고 있다는 정보를 얻을 수 있죠? 그 전염병이 중국 우한에서 퍼지고 있다는 정보도 확인할 수 있습니다. 이 전염병에 걸리면 발열과 호흡기 증상이 나타난다는 점도 알 수 있겠군요. 의료기관으로 바로 들어오지 말라고 하는 걸 보니, 전염력이 꽤 강하고 특히 환자들에게는 더 위험할 수도 있는 모양입니다. 그리고 질병관리본부 콜센터가 1339번이라는 것도 알겠네요.

'정보를 찾아봐라' 하니 아주 어렵게 느껴졌는데, 막상 듣고 보니 아주 간단하죠? 글을 읽을 수 있다면 누구나 이 안내문을 보고 이 정도의 정보는 파악할 수 있습니다. 아이들도 충분히 가능하죠. 그저 이런 행위를 '정보 수집 활동'이라고 거창하게 정의하지 않을 뿐입니다.

그러나 이런 행위를 '정보 수집 활동'이라고 거창하게 정의해줘야 글을 읽고 구조를 파악하고 해석해보는 습관이 붙습니다. 눈으로만 읽는 행위에 의식적으로 의미를 부여해야 글을 읽으면서 생각을 하고 문해력이 올라가고, 나아가 통찰의 힘을 기를 수 있습니다.

이 안내문을 바탕으로 파악할 수 있는 정보를 수집하면 예정된 우한 여행을 취소한다든가, 마스크를 착용한다든가 하는 후속 행동도 생각해볼 수 있습니다. 이렇게 정보의 성격을 알고 잘 파악해두면, 미래를 대비할 힘과 지혜가 생기기도 합니다. 아이들에게도 "이 팸플릿을 어디에 쓸 수 있을까?"라고 질문해보세요. '학교'나 '공항'처럼 다양한 답이 나올 수 있을 것입니다. 코로나19는 대상과 장소를 가리지 않기 때문에 무엇이든 답이 될 수 있습니다. 어디에 안내문을 사용하고 왜 거기에 사용할 수 있는지 질문을 계속해서 던지세요. 여기에 답을 할수록 아이들의 정보 활용 능력이 길러질 것입니다.

또한 아이들에게 '정보'라는 것이 자신과 그렇게 멀지 않은 곳에 있다는 점도 알려줘야 합니다. 여러분들이 보는 교과서, 오가며 보는 학교 게시판, 집 앞 상가의 간판, 모든 곳에 정보가 존재합니다. 수업을 같이 한 아이들에게 주변에서 어떤 정보를 얻을 수 있을까 한번 생각해보는 것만으로도 여러분의 '문해력'이 자랄 수 있다고 이야기했습니다. 특히 이런 안내문, 팸플릿 같은 것들은 아주 짧은 글 안에 최대한 많은 정보가 녹아 있기 때문에, 어휘력이나 문해력에 많은 도움이 됩니다.

이제부터는 매개체에 따른 정보의 특성을 생각해볼 때입니다. 먼저 정보를 어떻게 수집할 수 있는지 물어보세요. 보고 읽는 것, 혹은 듣는 것이라는 등의 답이 나올 수 있습니다. 듣는 건 소리일 것이고요. 보는 건 글일 수도 있고 그림일 수도 있습니다. 똑같은 정보라 할지라도 여러분들이 어떤 방식으로 그 정보를 접하는지에 따라 그 정보의 성격은 크게 차이가 날 수 있습니다.

아이들에게는 예시를 들어 그 차이를 설명했습니다. 마침 이 수업을 하던 날에 비가 많이 오고, 태풍 '카눈'이 한반도를 남에서 북으로 관통했던 때였기 때여서 아이들에게 태풍 카눈과 관련된 뉴스를 문자로만 보여줬습니다.

> 밤새 제주도 동쪽 해상을 통과한 제6호 태풍 카눈은 오전 9시 20분쯤 경남 거제에 상륙했습니다. 태풍 상륙 직전부터 경남 남해안과 부산에는 비바람이 매섭게 몰아쳤습니다. 시속 100킬로미터가 넘는 강한 바람이 불면서 시설물들이 마치 종잇조각처럼 날아다녔고, 건물 외벽과 구조물들이 강풍을 이기지 못하고 떨어져 나갔습니다. 비가 더 무섭게 쏟아진 곳은 동해안입니다. 태풍의 이동 경로 오른쪽에 놓이면서 동풍이 강하게 불었고 지형적인 영향으로 물 폭탄이 쏟아졌습니다.[2]

뉴스를 보여준 뒤 아이들에게 물어봤습니다. "어때?" 아이들은 뭐라고 대답했을까요? 예상처럼 "그냥 그렇구나 한데요?"라고 답했습니다. 사실 이 뉴스는 날씨와 관련된 것이다 보니 글로 이루어져 있어도 묘사가 꽤 생생한 편입니다. '매섭게 몰아쳤다' '시설물들이 종잇조각처럼 날아다녔다' '건물 외벽과 구조물이 강풍을 이기지 못하고 떨어져 나갔다' 이런 문장을 보면 머릿속에 그 이미지가 그려지죠? 대부분의 뉴스는 이런 묘사를 하지 않습니다만, 태풍의 강력함에 대한 정보를 효과적으로 전달해야 하는 날씨 기사는 주관적 표현인 '묘사'를 많이 집어넣습니다. 하지만 아이들은 사실 문자Text에 익숙하지 않은 세대입니다. 또 문자는 상상력을 불러일으키는 도구일 뿐 재난 현장을 그대로 보여줄 수 있는 도구는 아닙니다.

자, 이번에는 아이들에게 몇 장의 사진을 보여줬습니다. 가로수가 쓰러져 지하차도를 막고 있는 사진이 있었고요. 물에 잠긴 마을에 구조대원들이 보트를 타고 다니면서 도움이 필요한 사람들을 찾아다니는 듯한 사진도 있었습니다. 모두 태풍 '카눈' 피해 지역 보도 사진입니다. 이번에는 아이들이 "오" 하는 감탄사를 냅니다. 현장이 어땠는지, 이번 태풍의 위력이 어땠는지, 문자와 비교하면 훨씬 분명한 정보가 전달됩니다. 아이들에게 "이 사진은 어때?"라고 물어봤는데요. 아이들은 "아까보다 조금 더 태풍의 무서움이 느껴지는 것 같아요"라고 말했습니다. 그래서 아이들에게 "이거 이번 태풍 사진 아닌데?"라고 말했더니 이야기를 들은 아이들이 황당해합니다.

사실 그 사진은 태풍 카눈의 피해 지역을 찍은 사진이 맞습니다. 아이들에게 이런 거짓말을 한 이유는 사진만으로는 이것이 카눈 사진인지 아닌지 분명히 알 수 없다는 말을 전하고 싶었기 때문입니다. '이것이 카눈으로 인한 피해'라고 글로 덧붙여 설명을 해야, 사람들은 그 사진을 카눈으로 인한 피해 사진이라고 인식합니다.

이미지는 특정한 현장을, 문자와 비교하면 훨씬 더 생생하게 전달해줍니다. 하지만 전할 수 있는 정보의 양 자체는 문자와 비교하면 매우 부족하지요. 사진 한 장이 사람들의 마음에 큰 울림을 줄 때도 있지만, 사실 사진 한 장으로는 충실한 정보를 전달하기가 어렵습니다. 이제 아이들에게 질문을 해봅니다.

"사진으로 본 뉴스와 글로 본 뉴스는 어떤 차이가 있었어?"

명석한 아이들이 이런저런 답변을 합니다. 아이들의 답변을 정리해보죠. 문자, 텍스트는 구체적인 정보를 전달하기에 좋습니다. 정확한 정보를 찾고자 한다면 텍스트의 양이 많을수록 좋습니다. 음성은 감정적이고 단순한 정보를 전달하기에 좋고요. 그리고 이미지는 적은 정보를 효과적으로 전하기 좋은 방식입니다. 반면 텍스트는 직관적이지 않습니다. 한눈에 정보가 파악되지 않습니다. 오래 읽어야 하고요. 읽으면서 해석을 해야 합니다. 또 비교적 생동감이 떨어집니다. 반면 이미지는 혼자만의 힘으로는 정확한 정보를 전하기 어렵습니다.

그런데 이 두 가지의 장점을 잘 섞어놓은 정보 전달 방식이 있습니다. 이것이 최근 대부분의 정보 전달 방식이기도 하죠. 바로 동영상입니다. 동영상은 생생한 현장 영상으로, 사진보다 더 뛰어난 현장감을 전달합니다. 움직이는 사진에다가 현장의 소리까지 들어가 있거든요. 종합적이고 생생한 정보를 얻을 수 있죠. 여기에 자막이나 영상 설명 같은, 구체적인 정보를 담은 문자까지 추가로 들어가기 때문에 비교적 충실한 정보 전달이 보다 생생한 형태로 가능해집니다.

이번에는 아이들에게 '카눈'에 대한 방송뉴스를 보여줬습니다.[3] 현장 영상의 생생함과 잘 정리된 음성 리포팅, 핵심 정보가 요약된 자막 텍스트까지, 모든 것이 다 갖춰져 있습니다. 분명 태풍 같은 재난 현장에 대한 정보를 전달하는 데 있어 이만한 방식은 없어 보입니다. 이 뉴스를 보여준 뒤 아이들에게 물어봤습니다. "앞선 것들과 비교하면 어때?" 아이들은 더 이해하기 쉽고 상황을 더 자세히 파악할 수 있다고 답합니다.

물론 동영상이라고 해서 모든 정보를 완벽하게 전달할 수 있는 수단이 되는 것은 아닙니다. 어떤 정보를 전달하느냐에 따라서 때로는 긴 문자가, 때로는 한 장의 단순한 사진이 훨씬 더 정보를 효과적으로 전달할 수 있습니다.

아이들에게 '오늘 배운 것 중 가장 중요한 것은 이런 특성을 잘 기억해서 여러분이 원하는 정보를 가장 효과적으로 취득하고 전달할 수 있는 방법을 찾는 것'이라고 이야기했습니다. 자신이 지닌 정보의 부족한 점을 파악하고, 이를 잘 메워줄 수 있는 정보 전달 방식을 찾는 것이 오늘 수업의 가장 중요한 목표입니다.

정보 '범람'의 시대

이번에는 잠깐 쉬는 시간으로, 정보 전달의 역사를 한번 살펴보겠습니다. 문자가 없었던 아주 오래전, 정보는 어떻게 전달됐을까요? 입에서 입으로, 말로, 구전口傳됐을 것입니다. 이 방식은 많은 양의 정보를 전하기도 어렵고, 시간이 지날수록, 또 정보가 전달될수록 정확도가 크게 떨어집니다. 그래서 문자의 발명은 인류사에 혁명적인 사건이었습니다. 인간은 자신이 지닌 지식과 정보를 굉장히 빠르게 또 정확하게 전달할 수단을 갖게 되었죠. 여기에 인쇄 기술이 발달하면서 훨씬 많은 정보를 훨씬 빠르게 전달할 수 있게 됐습니다. 정보 전달이 효과적으로 이루어지면서 그 사회의 발전 속도는 점점 빨라졌습니다.

신문은 바로 그 '인쇄 혁명' 과정에서 나온 대표적인 정보 전달 도구입니다. 많은 시간과 비용을 투자해야 하는 책과 비교해보면 신문은 비용도 저렴하고 다양한 정보를 담을 수 있습니다. 요즘 신문을 보는 사람들은 많이 없지만, 신문은 여전히 하루의 정보를 다양하게 입수하고 정리하는 데 꽤 효과적인 매체입니다. 하지만 인쇄 기술이 여기서 더 발전한다고 한들, 더 이상 그것은 혁명으로 취급되지 않을 것입니다. 인쇄를 누가 얼마나 더 잘하느냐는 이제 누구의 관심사도 아닙니다. '디지털 혁명'이 일어났기 때문입니다.

인쇄 혁명과 디지털 혁명은 정보 전달 방식에 엄청난 차이가 있습니다. 글과 사진을 이용해 정보를 전달한다는 방식은 같지만, '동영상'이 등장한 것처럼 정보 전달 방식의 융합이 이루어지면서 더 효과적인 정보 전달이 가능해졌습니다.

정보의 흐름에도 큰 차이가 있습니다. 인쇄 기술이 소수가 가진 정보를 다수에게 전파하는 수단이었다면, 디지털 기술은 개별적인 정보를 가진 다수가 더 많은 다수에게 정보를 전파하는 수단입니다. 이 차이가 현대 사회를 완전히 뒤바꿔놨습니다. 누구나 자신이 가진 정보를 공유할 수 있고, 아주 쉽게 새로운 정보를 접할 수 있게 됐습니다. 정보가 넘쳐흐르는 시대가 됐고, 정보를 독점해왔던 이른바 '엘리트'들의 권위는 과거와 비교해 많이 무너졌습니다.

다시 리터러시 수업으로 돌아갑시다. 역사의 흐름과 기술의 발전에 따라, 최근 정보가 전달되는 형태가 획기적으로 바뀌었다고 말씀드렸는데요. 그 형태의 변화를 체감해보는 것이 이번 수업의 목적입니다. 아이들과 공부해볼 것은 정보의 전통적인 방식, 그러니까 소수의 누군가가 전문적으로 만들어 유통하는 정보와 다수의 사람들이 각자의 방식으로, 각자의 시선을 통해 유통하는 정보의 차이점을 확인해보는 것입니다.

아이들에게 제시한 주제는 '2023 새만금 세계 스카우트 잼버리'였습니다. 논란이 굉장히 많았던 대회였죠? 덥고 습한 날씨에 바다를 메운 개활지, 그늘이 없는 곳에서 치러지는 대회이다 보니 온열질환자가 상당히 많이 발생했습니다. 결국 영국과 미국에서 참가한 대원들은 현장을 떠났고요. 태풍까지 올라오면서 모두가 현장에서 철수해 서울에서 K-POP 공연을 보는 것으로 마무리됐던, 바로 그 대회입니다.

아이들에게 학습지를 나눠줬습니다. 알아볼 주제는 '2023 전북 새만금 스카우트 잼버리', 그중에서도 우리가 알아볼 것은 이 대회의 진행 상황입니다. 학생들이 이 대회의 정보를 알아보는 방법은 두 가지입니다. 하나는 '포털에서 뉴스를 검색해본다', 또 하나는 '소셜미디어에서 개인이 올린 사진과 글 등을 통해 현장의 분위기를 파악해본다'입니다.

부모님들은 잼버리 관련 소식을 거의 대부분 뉴스를 통해 접했을 겁니다. 물론 어떤 뉴스를 접하셨느냐에 따라서 정부를 비판하신 분들도 있을 거고, 아니면 이전 정부의 준비 부족을 탓한 분들도 계실 것입니다. 하지만 어떠한 입장을 가지고 계시든 소셜미디어로 잼버리를 검색해봤을 때는 뉴스와는 사뭇 다른 분위기를 느낄 수 있습니다. 특히 잼버리에 직접 참가한 학생들의 소셜미디어를 해시태그를 통해 찾아가 보면, 이 잼버리가 언론에서 보도된 것처럼 꼭 그렇게 지옥 같은 분위기였던 것만은 아니었다는 걸 느낄 수 있습니다.

그럼 '이번 잼버리 대회가 엉망진창이었다' 이렇게 보도한 언론이 가짜뉴스를 유포한 걸까요? 그렇지는 않습니다. 이는 정보를 전달하는 사람들의 관점 차이일 수도 있지만, 사실은 정보를 접하는 범위와 전달하는 목적에서 발생하는 차이입니다.

소셜미디어에 글을 올리는 개인은 개인이 보고 들은 정보 이상의 것을 올리는 데 한계가 있습니다. 나와 내 주변에서 일어나는 일들을 주로 올릴 뿐이죠. 세상의 모든 일이 그렇듯 같은 사건이라도 받아들이는 개인에 따라 사건의 성격에 차이가 생깁니다. 한마디로 누군가에게는 덥고 짜증나는 잼버리였을 수 있지만, 또 다른 누군가에게는 그저 친구들과 함께 땀 흘리고 새로운 체험을 하는 잼버리였을 수 있다는 것이죠. 그리고 소셜미디어는 자신의 근황과 안부를 소개하는 성격을 지니고 있습니다. 멀리 해외에서 가족과 친구 등 지인들이 볼 정보를 올리는 공간이죠. 그렇다면 자신이 겪는 경험에 대한 나쁜 면보다는 좋은 면을 부각할 가능성이 높습니다. 나쁜 경험을 올리면 부모님이 걱정하시잖아요?

하지만 언론사는 그 성격이 완전히 다릅니다. 기자는 제3자의 입장에서 여러 정보를 취합해 종합적인 판단을 내려야 하는 직업입니다. 보고 듣는 정보의 양이 개인의 것보다 훨씬 많고 다양합니다. 그리고 언론사의 기사를 보는 대상은 기자의 지인이나 가족이 아니라 특정할 수 없는, 다양한 이해관계를 가진 수많은 사람들입니다. 그래서 기자들은 (유명한 사람이 아니라면) 개개인의 신변과 생각에 관심을 갖지 않습니다. 대신 많은 사람이 공통적으로 겪는 신변과 인식에는 관심을 가집니다. 그래서 언론은 영국에서 온 A씨가 부채춤을 체험했다는 정보보다는 잼버리에 참가한 수십, 수백 명의 사람들이 온열 질환으로 쓰러졌다는 정보에 뉴스의 가치를 부여합니다.

그런데 그러다 보면 인론사가 놓칠 수 있는 아주 세세한 정보들이 생기기 마련입니다. 옛날에는 그렇게 놓친 정보들이 대중에게 알려지지 않고 그대로 사라지고 말았는데요. 최근에는 SNS를 통해 언론이 관심을 갖지 않은 정보를 입수할 수 있습니다. 그리고 개개인이 당사자로서 보고 들은 정보가 때로는 제3자가 판단한 정보보다 더 큰 의미를 가질 때가 있습니다. 앞서 아이들에게 보여줬던, '아랍의 봄' 과정이 잘 보여줬죠? 제한된 정보만 수집해 보도할 수 있는 기자들보다 현지의 시민들이 올린 SNS와 유튜브가 더 생생한 정보, 많은 정보, 중요한 정보를 제공하기도 합니다.

자, 이제 아이들이 언론사의 제목과 SNS에 나온 잼버리 관련 이야기들을 살펴보도록 했습니다. 숨은 그림, 숨은 정보를 찾기 시작하는 건데요. 아이들은 어떤 결론을 얻었을까요?

아윤이는 "유튜브(쇼츠)는 짧은 내용을 전달해주었고, 포털 뉴스는 길고 중요한 내용을 많이 전달해줬어요"라고 평가했습니다. 각각의 플랫폼에 따라 전해지는 정보의 양에 차이가 있다는 점을 확인했군요. 다빈이는 "SNS와 유튜브에는 사람들이 잼버리 대회를 즐기는, 일상의 모습이 많았어요"라고 이야기했고요. 반면 포털에서는 "잼버리의 전체적인 활동 내용이 나왔어요"라고 이야기했습니다. 정보 전달 주체에 따른 차이점을 짚은 것이죠? 동아는 "포털 뉴스에는 여러 내용이 있어 정보를 찾기 쉬웠지만, SNS와 유튜브에서는 뭐가 사실이고 뭐가 거짓인지 알기 어려웠어요"라고 이야기했습니다. 지온이는 "각 플랫폼 사용자들의 주 관심사에 따라 차이가 있는 것 같아요"라고 짚었습니다. 약간의 배경설명이 있었다고는 하지만, 처음 해봤을 법한 활동에 대한 대답치고 아이들의 답변이 상당히 날카로웠습니다. 막막했을 수도 있었을 텐데 말이죠.

정보 전달 플랫폼의 차이점 알아보기

알아볼 정보의 주제		
	뉴스	소셜미디어
얻을 수 있는 정보		
정보 취득의 장점		
정보 취득의 단점		

정보 전달 방식에 대한 느낌

재미있게 보되, 생각해보기

평소에 사용하지도 않는 '정보'라는 말을 주제로 수업을 한 이유는 또 있습니다. 현대 사회를 살아가는 우리 모두는 정보 과잉에 노출돼 있습니다. 아이들도 마찬가지입니다. 어른들처럼 친구들과 카카오톡을 하고 유튜브 쇼츠를 검색합니다. 그냥 단순히 심심해서 하는 활동일 수도 있지만, 우리의 뇌 안에는 이 활동 과정에서 접한 수많은 정보가 우리의 의지와는 무관하게 차곡차곡 쌓여갑니다.

하지만 우리 모두는 미디어를 보면서도 미디어가 우리에게 어떤 영향을 미치고 있는지에 대해서는 생각하지 못합니다. 미디어를 활용하기 위해서는 미디어가 우리에게 끊임없이 영향을 준다는 사실을 환기해야 합니다.[4] 이걸 '정보 수집 활동'이라는 거창한 말로 설명하고, 어떤 정보든 무의식이 아니라 의식적으로 구분해야 한다는 점을 아이들에게 설명해야 합니다. 재미있게 보되, 생각해보는 것. 생각하기 위해 재미있게 보는 것. 이것이 필요합니다.

이러한 목적에 맞게 수업을 준비했고 아이들의 참여도도 좋았지만, 짧은 수업시간이 아쉬웠습니다. 정보의 전달 방식에 따른 차이를 설명하면서 태풍 관련 상황을 준비했지만 태풍 같은 날씨 정보는 문자의 한계가 너무나 명확하기 때문에, 반대로 그림이나 사진보다 글로 더 잘 전달될 수 있는 예시도 준비했으면 어땠을까 하는 아쉬움도 듭니다.

그리고 잼버리 대회에 대한 소셜미디어와 뉴스의 정보 전달 차이를 확인해보는 수업 과정에서는 아이들에게 직접 정보를 찾아보기를 제안하기보다 플랫폼에 맞는 전형적인 예를 찾아와 미리 제시해주는 편이 나을 뻔했습니다. 아이들은 수업시간에 충실히 임했지만, 워낙 뉴스의 양도 많고 소셜미디어에 올라와 있는 콘텐츠의 양도 너무 많아서 검색으로 정보를 선별하는 것 자체가 쉽지 않았기 때문입니다. 짧은 수업시간에 효과적이고 직관적인 효과를 내기 위해서는 직접적인 예시를 보여주는 것이 더 나았겠다는 생각입니다.

정보를 활용한 글쓰기 연습

정보를 어떻게 전달하느냐, 어디로 전달하느냐에 따라 정보의 양과 질이 달라진다는 사실은 정보를 분석하는 과정을 통해서도 확인할 수 있지만 직접 정보를 만드는 과정을 통해서도 확인해볼 수 있습니다. 앞으로 수업시간을 통해 이 과정을 경험해보겠지만, 아이들과 뉴스나 광고를 놓고 정보를 찾고 분석하면서 '제목뽑기' '썸네일 만들기' 등의 활동을 해볼 수도 있습니다.

정보 분석 워크페이퍼

〈기사 스크랩〉

기사 주제	
기사에서 찾을 수 있는 정보	
내가 만든 기사 제목	
유튜브 썸네일	

먼저 신문이나 인터넷 뉴스를 스크랩해 아이들에게 텍스트 정보를 직관적으로 보여줍니다. 그리고 기사 내용을 요약하고 기사에서 확인할 수 있는 정보를 분류하여, 뽑아낸 정보 키워드를 포함시켜 제목을 만드는 연습을 하는 것입니다.

또는 스마트폰을 이용해 기사에 맞는 이미지를 검색해보거나, 이미지 생성형 AI에 입력해 텍스트 정보를 이미지 정보로 전환해보고, 동영상 콘티나 썸네일을 만들어봄으로써 효과적으로 정보를 전달할 수 있는 다양한 방법을 모색해보는 활동도 좋습니다.

Class 4.

정보의 오염

가짜뉴스를 구별하고
정보 선별 능력 기르는 법

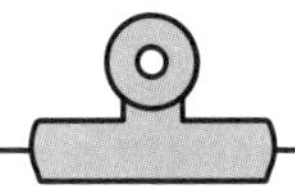

수업 목표

1. 정보는 왜곡될 수 있다는 점을 인식한다.
2. 가짜뉴스의 위험성에 대해 생각해본다.
3. 가짜뉴스를 구별해본다.

정보는 언제나 오염될 수 있다

지난 2023년 이스라엘과 팔레스타인 하마스 간의 전쟁이 벌어졌습니다. 대한민국과 먼 곳에서 벌어진 일인데도, 국내 유가가 들썩거린 걸 보면 알 수 있듯이 이 전쟁은 우리의 삶과 무관하지 않았습니다. 또한 이 지역에서 벌어지는 끊임없는 비극, 그 자체 때문에도 많은 국민이 관심을 가졌습니다.

그런데, 이 전쟁이 벌어지는 와중에 SNS에서는 온갖 가짜뉴스가 쏟아졌습니다. 하마스에 의해 이스라엘 군 고위 간부가 체포되었다는 정보, 네타냐후 이스라엘 총리가 하마스의 기습공격으로 병원으로 이송되었다는 정보 등 전 세계를 깜짝 놀라게 했던

SNS 상의 정보들이 바로 대표적인 '가짜뉴스'였습니다. 유럽연합 EU은 X(옛 트위터)와 메타(페이스북·인스타그램) 등 소셜미디어에 '가짜뉴스를 삭제할 것'을 경고했고요. 소셜미디어 회사는 즉각 수만 개의 콘텐츠를 삭제했습니다.

다시 옛날 이야기를 해볼까요? 과거에는 국제 뉴스를 보려면 신문이나 TV 뉴스를 통할 수밖에 없었습니다. 언론사가 선별한 국제 뉴스만 볼 수 있었던 것이죠. 그에 비해 지금은 분명히 예전보다 훨씬 더 많은 국제 뉴스를 더 많이, 더 다양하게 또 아주 쉽게 접할 수 있는 시대가 됐습니다. 하지만 역설적으로 지금의 이 시대는 그 어느 때보다 정보를 확인하기 어려운 시대이기도 합니다. 정보의 양은 어마어마하게 많아졌지만, 신뢰할 수 있는 정보의 비중은 크게 떨어졌죠. 이 역시 디지털 시대의 특성 때문입니다.

아이가 학교에서 신라시대 선덕여왕의 업적을 조사해오라는 과제를 받아왔다고 가정해보죠. 우리 세대에게 이런 조사 숙제는 사실 굉장히 번거로운 것이었습니다. 정보가 있는 곳이 제한적이었기 때문입니다. 집에 있는 전과에 나오는 내용이라면 다행이지만, 전과에 나오지 않는 과제라면 정보를 수집하기 위해 집 밖으로 나가야 했습니다. 도서관에 가서 관련 서적이나 백과사전을 뒤적일 수밖에 없었죠. 아주 고생스러운 숙제가 되겠지만, 그래도 백과사전이나 전문 서적을 보고 작성한 리포트는 비교적 완성도가 높았을 것입니다. 책과 신문, 전문 서적에 담긴 정보가 잘못된 정보일 가능성은 인터넷과 비교하면 상대적으로 낮기 때문입니다.

반면, 지금의 아이들이 같은 과제를 받아왔다면 어떻게 수행할까요? 인터넷에서 검색을 해볼 가능성이 높습니다. 물론 인터넷에도 정확한 정보가 많습니다. 또 전문 서적에서 보기 힘든 독특한 정보도 찾을 수 있습니다. 하지만 그 정보는 정확할까요? 인터넷에는 황당한 주장도 있고요, 확인하기 어려운 거짓 정보도 많습니다.

기술의 발전에 밝은 아이들은 인공지능에게 물어볼 수도 있겠죠. 챗GPT로 잘 알려진 생성형 인공지능은 어려운 전문 명령어가 아니라 우리가 흔히 쓰는 자연어를 사용합니다. 즉, 누구나 쉽게 AI에게 질문할 수 있는 시대가 왔고, 인공지능의 답도 생각보다 충실합니다. AI에 질문만 잘한다면, 포털 검색보다 훨씬 간편하면서도 높은 만족도를 얻을 수 있습니다. 실제로 전 세계 각국의 대학생들은 이미 리포트를 쓸 때 챗GPT를 이용하고 있다고 하니, AI는 우리 아이들에게 미래가 아닌 현재입니다.

그렇다면, 이 챗GPT는 충실한 정보를 제공할까요? 한번 챗GPT에게 '선덕여왕에 대해 알려줘'라고 질문해보세요. 질문에서 답변까지 걸리는 로딩 시간은 불과 1초입니다. 챗GPT는 거침없이 답을 써 내려갑니다.

"선덕여왕은 한국 고려 시대의 조선 시대와 신라 시대에 살았던 여성 지도자로, 신라(신라나라)의 여왕으로 알려져 있습니다."[1]

고려 시대의 조선 시대와 신라 시대에 살았던 사람? 이상하죠? 그리고 챗GPT는 이어진 답변에서 선덕여왕이 신라의 국호를 '신라'로 변경했다고도 설명했는데요. 이것도 사실이 아닙니다. 만약 선덕여왕에 대한 기본적인 배경 지식이 없었다면 사실과 다른 리포트를 작성해 숙제로 제출할 수도 있습니다.

이처럼 인공지능을 통해 얻은 정보라고 해도 완전히 신뢰할 수는 없습니다. 정보는 늘 불완전합니다. 생산된 정보도 불완전하고요. 이 정보를 전달받고 전달하는 인간의 뇌도 불완전합니다. 고의건 아니건 정보는 전달 과정에서 언제나 변형됩니다. 그래서 정보에 접근하는 과정에는 분석과 평가, 즉 비판적인 사고가 필요합니다. 문해력을 키우는 데도 이 비판적 사고는 핵심적인 역량입니다. 클라우스 슈밥Klaus Schwab 세계경제포럼 회장은 미래를 살아가는 필수 직업 역량으로 '비판적 사고'를, 그리고 '뉴미디어 리터러시'를 강조한 바 있습니다.[2] 물론 이 비판적 사고는 하루아침에 이루어지지 않습니다. 아이들에게 '이렇게 해야 비판적 사고가 쑥쑥 신장된다'라고 할 수 있는 '왕도'도 없습니다. 다만 이번 수업에

정보의 왜곡 수업에서 던져야 할 중요한 질문

친밀한 접근	① 친구들 사이에 소문이 잘못 퍼져서 오해를 받은 경험이나, 비슷한 일을 본 적이 있어? ② 왜 이런 오해들이 생기는 걸까? ③ 이런 오해가 벌어지는 상황을 막으려면, 어떻게 해야 할까?
개념 확립	① 우리는 왜 완벽한 정보를 전달할 수 없을까? ② '왜곡된 정보'는 어떤 결과를 초래할까? ③ 그럼 정보를 확실히 전달하는 방법에는 무엇이 있을까?
가짜뉴스에 대하여	① 가짜뉴스란 무엇일까? ② 혹시 알고 있는 가짜뉴스가 있어? ③ 가짜뉴스와 잘못된 뉴스는 무엇이 다를까? ④ 왜 가짜뉴스는 쉽게 퍼질까? ⑤ 가짜뉴스의 확산을 막으려면 어떻게 해야 할까?

서는 우리 아이들에게 자신들이 접하는 여러 정보가 사실은 매우 불완전한 것이라는 점을 보여주고자 했습니다.

'단순히 가짜뉴스는 나쁘다는 것을 넘어, 그것이 의도된 것이든 의도치 않은 것이든 정보 그 자체는 불완전한 것이다. 때문에 받아들일 때도 조심스러워야 한다'는 점을 아이들에게 분명히 말해줘야 합니다. 그래야 정보를 접할 때 비판적 사고를 할 수 있습니다.

고요 속의 외침

'정보가 전달되면서 어떻게 왜곡될 수 있는가?' 이 질문에 답하는 것이 생각보다 쉽지 않은데요. 먼저 아이들이 이 수업을 재미있게 시작할 수 있도록 TV 예능 프로그램을 하나 보여줬습니다. 과거 KBS에서 방영되었던 〈가족 오락관〉, 기억하시죠? 사실 이 프로그램은 우리 세대도 아니고 우리 부모님 세대가 즐겨보던 프로그램이었습니다만, 가족끼리 TV 앞에 모여 앉아 많이 웃으며 보았던 기억이 날 것입니다.

〈가족 오락관〉의 인기 코너 중 하나가 바로 '고요 속의 외침'이었습니다. 음악이 나오는 헤드폰을 끼고 사회자가 제시하는 단어를 다음 사람에게 전달하는 게임입니다. 음악이 크게 나오기 때문에 다음 사람은 단어를 전달하는 사람의 입 모양만 보고 정보를 판단할 수밖에 없죠. 그런데 중간에 누구 하나가 정보를 부정확하게 받아들여서 다음 사람에게 부정확한 정보를 전달한다면, 정보의 왜곡은 걷잡을 수 없게 됩니다. '까치'가 '가지'로, '가지'가 '바지'로 전달될 수 있는 게임이죠. 생생한 고화질 예능, 주고받는 말과 반응의 속도감이 굉장히 빠른 현대의 예능에 적응된 우리 아이들이 옛날 예능을 재미있게 볼 수 있을까 걱정됐습니다. 하지만 아이들이 생각보다 굉장히 재미있게 〈가족 오락관〉을 보더군요. 아이들은 화면을 통해 제시된 단어, 그러니까 정답에 대한 정보를 알고 그 전달 과정을 지켜봤습니다. 그리고 정보가 왜곡되는 과정을 지켜보면서 웃었죠. 최종 정답이 최초 제시된 단어와 완전히 어긋나게 될 때, 이 예능의 재미가 더 커졌습니다.

〈가족 오락관〉으로 가볍게 수업을 시작한 뒤, 아이들에게 정보가 어떻게 왜곡될 수 있는지 설명했습니다. 정보가 왜곡되는 데는 몇 가지 원인이 있는데요. 첫 번째로 설명한 원인은 '불완전한 인간의 인지체계'입니다. 쉽게 말해서, 왜곡을 하려는 의도가 없더라도 자신이 보고 들은 정보를 그대로 전달하는 과정에서 왜곡이 생길 수 있다는 것입니다. 이는 정보가 뇌에 저장되고, 머릿속에서 정리되며, 적절한 말과 글로 다른 사람에게 전달되는 모든 과정에서 왜곡이 발생할 수 있기 때문입니다.

이렇게 들어서는 잘 이해가 안 되죠? 아이들도 그랬습니다. 그래서 우리의 뇌가 어떻게 정보를 받아들이는지 간단한 테스트를 해보기로 했습니다. 단어들을 몇 개 보여줬는데요. 이 단어들을 한번 소리 내서 읽어볼까요?(여럿과 함께 한다면, 이 단어를 제시해 '스피드 퀴즈'를 해보는 것도 재미있는 방식이 될 수 있습니다.)

고치참추, 기능재부, 문썹눈신, 치자피즈, 뚝고기불배기, 모자리나, 노인코래방, 농신심라면, 파게바리트, 코라콜라, 우뎅오동, 스튜디어스, 성레순지

어떠신가요? 여러분은 어떻게 읽으셨나요? 처음에는 그냥 아무 생각 없이 고추참치, 재능기부, 눈썹문신, 피자치즈 등등 이렇게 우리가 기존에 알고 있던 그 단어 그대로 읽은 분이 많았을 겁니다. 그런데 읽다 보니 무엇인가 이상한 점을 느끼셨죠? 아이들도 그랬습니다. 계속 읽다가 갑자기 웃었습니다. 뭔가 이상한 걸 발견한 거죠. 이런 현상을 '스푸너리즘Spoonerism'이라고 합니다. 우리말로는 '두음전환'이라고 하죠. 백과사전에는 이 두음전환을 '두 개의 단어 사이에 해당하는 자음과 모음, 형태소가 전환되는 언어 오류'라고 규정하는데요. 너무 어려운 말이니까 아이들에게는 이렇게 설명했습니다.

"우리의 뇌는 단어를 앞에서부터 차례대로 받아들이지 않고, 통으로 한꺼번에 받아들여. 고, 추, 참, 치 순서대로 보는 것이 아니라, 고추참치라는 단어를 한 번에 받아들이고, 여러분의 뇌 안에 있는, 여러분이 이미 알고 있던 고추참치의 기억을 떠올려 이 단어를 판단해. 사실 여러분의 눈은 고, 치, 참, 추를 순서대로 읽었지만, 통으로 뇌 속에 들어간 이 단어가 여러분들의 머릿속에 있는, 여러분들이 먹어본 그 고추참치와 만나서 여러분이 고치참추를 고추참치로 읽게 된 거야."

이처럼 우리가 보고 들은 정보는 우리의 상식, 고정관념, 신념 등과 만나 언제든 변형될 수 있습니다. 요즘 많은 언론과 전문가들이 소셜미디어에 빠져 사는 현대인들을 걱정하고 있습니다. 그러면서 이와 같은 인간의 불완전 인지체계를 연구하고 있는데요. 그중에서 특히 최근에 가장 많이 거론되는 단어가 바로 '확증편향'입니다.

확증편향은 자신의 가치관, 신념, 판단과 부합하는 정보만 주목하고 그 외의 정보를 무시하는 사고입니다. 커피를 예로 들어볼까요? 어떤 사람이 커피를 너무 좋아해서 커피와 관련된 정보를 찾아본다고 가정합시다. 그는 커피에 들어있는 카페인이 피로 회복에 도움을 준다는 글을 발견하고 이렇게 생각하죠. "음, 역시 커피를 마시기 잘했군." 그런데 사실 이 사람은 커피의 카페인이 혈

압을 단기적으로 높일 수 있다는 글도 이미 읽었습니다. 하지만 이 사람은 커피를 너무 좋아하는 나머지, 카페인의 단점을 머릿속에서 지워버립니다. 그리고 자신이 커피를 마시는 행위를 "피로 회복을 위한 것"으로 규정하고 타인에게도 커피가 피로 회복에 좋다는 정보만 전파합니다.

커피 정도는 단순히 개인의 기호 문제이지만, 확증편향은 사회 곳곳에서 상당한 부작용을 불러일으키곤 합니다. 정치적 갈등은 극단으로 치닫고요. 이해관계는 도무지 조정이 안 됩니다. 특히 요즘은 소셜미디어나 단톡방에서 비슷한 성향, 비슷한 이해관계를 가진 사람들끼리만 교류하면서 이러한 확증편향이 더욱 심해지고 있죠. 게다가 알고리즘이라는 새로운 기술이 등장하면서 입맛에 맞는 콘텐츠만 보게 되니 문제가 더 커졌습니다. 마치 방 안에서 메아리가 울리는 것처럼, 자신의 목소리나 생각이 반복적으로 되돌아오는 '에코 체임버Echo Chamber'라는 현상이 등장한 것이죠. 이는 동일한 의견이나 정보만 접했을 때 다른 관점을 접하지 못하는 상황을 의미합니다.

그뿐 아니라 정치적 동질성이 강해지면서 설령 일부분은 동의하지 않는 주장이 있더라도 주변 군중과 함께 주장을 펼치는 '동조현상'이 벌어지기도 하고요. 사회적 압력에 의해 다른 사람의 의견을 따라가게 되는 '애쉬 효과Asch effect'라는 현상이 벌어지기도 합니다.

그래서 미디어 리터러시가 더더욱 필요합니다. 확증편향 그 자체가 문제는 아닙니다. 누구나 확증편향을 가지고 있으니까요. 다만 그 어느 때보다 정보 전달의 확산이 빠른 지금, 미디어 리터러시를 통해 자신의 확증편향을 돌아보고, 자신의 생각과 다른 정보를 열린 마음으로 받아들이는 법을 배워야 합니다.

가짜뉴스는 왜 치명적인가

의지와 무관하게 정보를 왜곡하는 경우가 있다면, 의도를 가지고 정보를 왜곡하는 경우도 있겠죠? 소위 '가짜뉴스'는 의도적인 정보 왜곡의 한 종류입니다. 이 가짜뉴스에 대해서는 잠시 후에, 본격적으로 이야기를 나눠보도록 하고요. 먼저 아이들에게 가짜뉴스가 어떤 결과를 초래하는지 잘 알 수 있도록 웃고 넘어갈 수 없는 영상을 하나 보여줬습니다.

마침 이 수업이 있기 며칠 전 뉴욕의 한 지하철에서 10대 흑인 여성들이 한인 가족에게 인종 차별 범죄를 저질렀다는 보도가 나왔습니다. 그들의 혐오 범죄에는 이유가 없었습니다. 이들은 처음 보는 동양인 가족을 조롱하다가 폭언을 퍼부었고, 기어이 폭행까지 저질렀습니다. 그리고 이 모습을 영상으로 찍던 동양인 여성도 이들에게 폭행을 당했습니다. 이런 일이 왜 벌어졌을까요?

아이들에게 보여준 영상도 비슷한 주제입니다. 몇 년 전 유럽에서 벌어졌던, 동양인들에 대한 집단적인 인종 차별 관련 영상이었습니다. 이전에도 인종 차별은 있었지만, 코로나19가 유럽에서 광범위하게 퍼지면서 더욱 심각하게 나타난 현상이었습니다.[3]

뉴욕에서 인종 차별 범죄를 저지른 여성들도, 유럽에서 벌어진 인종 차별 범죄자들도 피해자들에게 똑같은 말을 반복합니다. "너희 나라로 돌아가"라는 것이죠. 이들은 왜 자꾸 그런 황당한 말을 반복할까요? 아이들에게 보여준 영상에서는 코로나19 이후 소셜미디어를 중심으로 퍼진 가짜뉴스 사례가 일부 소개되었습니다. 정교한 가짜뉴스라고 볼 수는 없지만, 동양인 혐오를 유발할 수 있는 각종 '밈Meme'들입니다. 소셜미디어뿐이 아닙니다. 심지어 프랑스의 한 지역 언론은 기사에 '황색 경계령'이라는 제목을 사용하기도 했습니다. 인종 차별 범죄를 옹호했던 사람들은 동양인이 코로나19를 몸에 지니고 와서 유럽에 혹은 미국에 유포했다고 굳게 믿습니다. 근거는 단 하나, 코로나19가 중국 우한에서 시작됐기 때문입니다.

일부 사람들은 이 사실을 바탕으로 '동양인이 코로나19 바이러스를 감염시킨다'는 루머를 만들어냈습니다. 이 가짜뉴스로 인해 가장 큰 피해를 본 사람들은 역설적으로 서구 현지에서 거주

하는, 그 지역에 사는 다른 사람들과 마찬가지로 중국이나 동양에 가지 않았던 동양인들이었습니다.

사실 조금만 생각해보면, 동양인들만 코로나19 바이러스를 옮기고 다닌다는 주장이 설득력이 떨어진다는 걸 알 수 있습니다. 중국 우한 시에는 전 세계에서 온 다양한 사람들이 모여 살고 있습니다. 프랑스, 영국, 네덜란드 등 세계 각지에 코로나19를 처음 퍼트린 사람이 동양인인지 서양인인지는 알 수 없습니다. 하지만 적지 않은 사람들이 동양인 기피와 혐오에 적극적 혹은 소극적으로 동조했고, 심각한 수준의 폭력이 벌어졌습니다.

조금만 생각해보면 논리적으로 설명도 되지 않는 일을, 왜 사람들은 그렇게 쉽게 믿고 심지어 동조했을까요? 왜 사람들은 가짜뉴스를 믿고 확산시킬까요? 아이들에게도 왜 이런 일이 벌어졌을지 질문해봤는데요. "믿고 싶은 것만 봐서" "다른 사람의 말을 들으려 하지 않아서"와 같은 성숙한 답변들이 나왔습니다.

〈지식 브런치〉라는 유튜브 채널은 사람들이 가짜뉴스를 믿는 과정과 그 이유를 비교적 쉽게 소개했습니다. 이 영상을 아이들에게 보여줬습니다.[4]

가짜뉴스가 쉽게 유포·확산되는 이유는 앞서 설명한 여러 요인들과 결부돼 있습니다. 인터넷을 통해 확산되는 정보의 양이 무엇보다 크게 늘어났고, 정제되지 않은 정보를 대중이 쉽게 접할 수 있게 된 반면, 정보의 진실성에 대한 검증은 어려워졌습니다. 자극적인 가짜뉴스와 달리 정제된 정보는 사람들의 눈에 띄지 않게 됐고요. 자극적인 정보에 노출되면서 믿고 싶은 것만 믿는 확증편향이 강화됐습니다.

코로나19의 발생과 확산을 모든 동양인의 탓으로 돌릴 수 없다는 것을 설명하려면 많은 근거 자료가 필요하지만, 동양인이 코로나19를 감염시킨다는 가짜뉴스를 유포하는 데에는 근거가 필요하지 않습니다. 정보가 인터넷을 통해 주로 소비되면서 길고 장황하지만 정보에 충실한 글은 사람들의 주목을 받지 못하게 됐습니다.

하지만 무엇보다 가짜뉴스가 쉽게 퍼지는 배경에는 사람들의 심리와 관련이 있습니다. 아이들의 답변처럼, 사람들은 자신이 믿고 싶은 것만 믿고 타인의 설명에 귀를 기울이지 않습니다. 왜냐하면 그것이 훨씬 쉽고 편하기 때문입니다. 내 주변에서 벌어지는 일이 내 잘못이 아니라 다른 사람의 잘못이라는 주장은 생각보다 강력한 힘을 발휘합니다.

그래서 기술이 발달하기 전에도 가짜뉴스는 횡행했습니다. 그 대표적인 예가 바로 '마녀 사냥'입니다. 역사적 비극인 마녀 사냥의 시작은, 어처구니없게도 한 정신 나간 수노사가 쓴 《마녀의 망치》라는 가짜뉴스가 듬뿍 담긴 한 권의 책이었습니다. 이 책을 쓴 사람은 사람을 물에 빠뜨렸을 때 떠오르면 마녀, 안 떠오르면 사람, 달군 쇠 판 위를 걷게 했을 때 걸으면 마녀, 못 걷고 죽으면 사람이라는 황당한 감별법을 주장했습니다. 가만히 생각하면 어이없다 못해 화가 나는 이런 주장은 인간의 욕망과 뒤섞여 셀 수 없는 희생자를 발생시킨 희대의 학살 사건을 야기했습니다.

가짜뉴스와 정보의 왜곡에 대처하지 못한다면, 역사의 피해자 또는 역사의 죄인이 될 수 있습니다. 정보의 왜곡은 그만큼 경계해야 할 일이라고 아이들에게 설명했습니다.

가짜뉴스를 경계하는 법

그렇다면, 가짜뉴스를 어떻게 경계해야 할까요? 구분할 수 있는 방법이 있을까요? 사실 쉽지는 않습니다. 기자로서 정보를 찾고 조합하고, 많은 분들에게 전달하는 일을 하고 있지만, 양질의 정보를 찾아서 정보의 맥락을 파악해 정확히 전달하는 것은 결코 쉬운 일이 아닙니다.

가짜뉴스에 대비하는 근본적인 방법은 다음과 같습니다. 글을 읽을 때 항상 회의적인 태도를 가질 것, 글의 논리 구조를 분석할 것, 이를 위해 평소에 뉴스나 책 등 다양한 형태의 정보와 글을 접할 것 등입니다. 하지만 이건 너무 먼 이야기이기도 하고 또 긴 이야기이기도 합니다. 아이들에게도 크게 와닿지 않는 이야기겠죠?

다만 가짜뉴스를 가리는 몇 가지 실용적인 방법은 있습니다. 아이들에게도 몇 가지 예를 들어 설명했는데요. 이를테면 이런 겁니다. 먼저 언론의 공식 보도가 아니라면 '속보'나 '긴급', 이런 단어가 붙어서 도는 소셜미디어의 정보를 경계하는 것이죠.

가짜뉴스는 '언론의 기사 형태로 공급되는 거짓 정보'를 의미하기 때문에, 이런 정보를 접했을 때는 포털에서 뉴스를 검색해 보고 실제로 그런 보도가 있었는지 확인하는 것이 좋습니다. 저는 아이들에게 설령 그것이 언론사 기사가 맞다 하더라도 알 수 없는 전문가나 익명의 출처가 너무 많다면, 경계하는 것이 좋다고 설명했습니다. 또 '널리 퍼뜨려주세요' 이런 문장이 덧붙어도 가짜뉴스일 가능성이 있다고 설명했습니다.[5]

또 하나, 맞춤법이 많이 틀린 글은 제대로 검증되지 않은 글일 가능성이 높다고 설명했습니다. 복수의 사람이 검증하지 않았다는 증거가 되기 때문입니다. 그리고 글이 하나의 완결성을 가지고 있는지, 문장의 앞뒤가 다르지 않은지, 논리가 일관되는지 확인해야 하고, 이를 확인하기 위해 정보를 접할 때 글을 천천히 읽는 습관을 길러야 한다고 했습니다.

그런데 가짜뉴스가 꼭 글, 텍스트로 이루어져 있을까요? 아닙니다. 최근의 가짜뉴스는 텍스트보다는 영상을 통해 더 빠르게 유포됩니다. 예전에는 잘 보면 진짜 영상과 가짜 영상을 충분히 가릴 수 있었습니다만, 최근의 기술은 그 수준을 넘어섰습니다. '딥페이크Deepfake'라는 말을 들어보셨을 겁니다. 인공지능이 이미지를 합성하는 기술인데요. 이게 상당히 정교해졌습니다. 아이들에게 딥페이크로 만들어진, 한 아이돌 멤버가 춤을 추는 영상을 보여줬습니다. 범죄와는 무관한, 아이돌이 단순히 춤을 추는 영상이기 때문에 당사자가 충분히 찍을 수 있다고 생각할 만한 영상이었는데요. 아이들은 딥페이크로 만들어진 가짜 영상임을 눈치 채지 못했습니다.

딥페이크를 기반으로 한 이런 가짜뉴스는 실제로 큰 피해를 입히기도 합니다. 미국 국방부, 펜타곤에서 검은 연기가 치솟는 사진이 소셜미디어를 통해 유포됐는데요. 국방부 인근에서 폭발이 있었다는 가짜뉴스에 붙은 사진이었습니다. 이 사진이 소셜미디어에서 빠르게 퍼져 나가면서 미국 주가는 떨어졌고 국채와 금 가격은 치솟았습니다.[6] 정교하게 합성된 사진에 많은 사람들이 속았던 것이죠.

가짜뉴스는 딥페이크라는 기술의 발전과 혼합돼 실질적인 피해를 주고 있고, 이 피해에서 누구도 자유로울 수 없다고 설명했습니다. 앞서 본 뉴스처럼 누군가가 의도적으로 퍼트린 가짜뉴

일반뉴스와 가짜뉴스를 구분하는 법

1. 출처를 확인하라

일반뉴스	가짜뉴스
• **신뢰할 수 있는 출처** - 언론사의 홈페이지 - 포털사이트(네이버·다음)의 뉴스 섹션 - 한국언론재단 빅 카인즈(kinds.or.kr)	• **확인이 어려운 출처** - 소셜미디어, 블로그상의 '받은 글' (상대적으로 확인이 안 된 정보일 가능성) - 언론사 등록이 안 된 웹사이트 (사이트 하단, 인터넷신문-사업자 등록번호)

2. 내용을 확인하라

일반뉴스	가짜뉴스
• **분명한 서술어** - '말했다', '밝혔다' 등 분명한 사실의 전달 • **일관된 내용** - 제목과 내용, 주어와 서술어, 첫 문단과 그 외 문장의 일관성 확인 • **정확한 맞춤법과 문법** • **분명한 취재원(정보 소스)** - 공신력 있는 정보원, 실명 기재	• **애매한 서술어** - '알려졌다' '전해졌다' '따르면' 등 분명하지 않은 사실의 전달 • **일관되지 않은 내용** • **다수의 오탈자, 문법적 오류** • **알 수 없는 정보 출처** - '익명의 제보자' '한 관계자' '인터넷에 떠도는'

3. 단어를 체크하라	
일반뉴스	가짜뉴스
• **정제된 단어 사용** - 일반 기사와 논설에 분명한 경계	• **감정적 단어 사용** - '충격' '믿을 수 없는' • **편견이 깃든 단어 사용** - '잔인한' '무모한' '한심한' - '좌파 성향의' '우파 성향의'

스로 금전적인 피해를 볼 수도 있고, 누군가가 내 얼굴을 다른 신체와 합성해 나를 음해하고 모함할 수도 있다고 말이죠.

비판적으로 정보 읽기

아이들에게는 조금 어려워서 거리감이 느껴질 수 있는 주제였습니다만, 이번 수업의 핵심 목표는 아이들 스스로 자신들이 보고 읽는 모든 정보가 완벽하지 않다는 인식을 갖도록 하는 것이었습니다. 정보의 불완전성을 이해하고 인정하는 것부터 비판적 읽기가 시작되지요. 비판적 읽기가 시작되면 글의 문맥과 논리 구조가 눈에 들어옵니다. 그리고 지금 이 시대처럼 정보의 생산과 유통이 빠른 시대, 정보를 이해하고 되짚어볼 시간적 여유조차 없이 새로운 정보를 마주쳐야 하는 시내. 이 시대에 살아가는 우리 아이들이 반드시 생각해봐야 할 주제이기도 합니다. 수업의 특성상 거대한 담론을 중심으로 정보의 불완전성과 가짜뉴스에 대해 아이들에게 소개했지만, 사실 아이들이 소속된 단톡방에서도 하루에 몇 건씩 가짜 정보가 유통되고 있으며, 그로 인해 우리 아이들이 피해를 입을 수도 있습니다.

수업 자체를 평가했을 때, 뜻밖에도 아이들이 이 수업에 많은 관심을 보였습니다. 특히 이 수업에 소개된 몇 가지 심리학 용어인 '스푸너리즘'이나 '애쉬 효과'에 대한 이야기에 흥미를 보였습니다. 특히 스푸너리즘에 대한 이야기를 하면서 아이들에게 단어를 읽게 했을 때, 단어의 오류를 발견하는 과정에서 아이들이 굉장히 재미있어 했습니다.

심리학 실험은 많은 사람들이 재미있어 하고 관심을 갖는 주제이므로 수업 중에 아이들에게 적절히 소개해주면 더욱 즐거워할 것 같습니다.

정보의 왜곡에 대한 글쓰기 연습

실제 허위 정보 사례와 일반 뉴스의 문장 구조 분석을 통해 정보 왜곡에 대처하는 연습을 할 수 있습니다. 이 과정을 기록하고 그 기록을 바탕으로 토론하면 정보 선별 능력은 물론 문해력 향상에도 큰 도움이 됩니다. 이미 드러난 허위·왜곡 정보는 인터넷 검색을 통해 쉽게 수집할 수 있습니다. 특히 트럼프 대통령이 등장한 지난 몇 차례의 미국 대선이나 코로나19와 관련된 정보의 경우 이미 판명된 허위 정보가 무척 많습니다. 예를 들어, 코로나19 팬데믹 당시 '코로나19 백신을 접종하면 자유의지를 빼앗기고 누군가에 의해 조종당한다'는 황당한 가짜뉴스가 횡행했었는데요. 지금이야 한눈에 봐도 황당한 정보지만 당시 백신 접종에 대

가짜뉴스 분석 워크페이퍼

가짜뉴스 스크랩	
가짜뉴스 주제	
가짜뉴스가 내세우는 근거	
가짜뉴스에 대한 반론	
가짜뉴스 지수	

거짓 참

한 공포가 있었기 때문에 단순히 웃고 넘길 수만은 없었던 가짜뉴스였습니다.[7]

이런 가짜뉴스를 분석하는 워크페이퍼도 있습니다. 가짜뉴스 사례를 수집하고 '검증할 소문의 주제' '가짜뉴스가 내세우는 근거', 그리고 '공신력 있는 기관이나 언론의 반박' '나의 판별 결과'를 적어보는 것입니다.

일반 뉴스에서도 신뢰하기 어려운 정보가 나오곤 하는데요. 언론의 정보 신뢰성을 판단할 때 쓸 수 있는 방식이 있습니다. '뉴스의 주제' '뉴스에 등장하는 사람' '등장하는 사람들의 말' '반론의 유무' 등입니다.

또한 믿을 수 있는 정보가 어떤 것인지, '나만의 체크리스트'를 만들어보는 것도 재미있게 할 수 있는 활동입니다. 몇 가지 예시만 주고 각자의 기준이 담긴 체크리스트를 아이와 함께 만들어 보는 거지요.

여러 활동을 통해 아이들이 허위 정보·가짜뉴스를 다루는 데 익숙해졌다면 그것은 글을 읽고 분석하는 능력이 그만큼 커졌다는 의미이기도 합니다.

뉴스 분석 워크페이퍼

뉴스 스크랩

뉴스 제목	
뉴스의 주제	

뉴스 속 발언 내용		
뉴스에 등장하는 실명인	뉴스에 등장하는 익명인	반론
뉴스 진실성 검증 점수	/ 10	

가짜뉴스 체크리스트

① '긴급'이나 '속보' '전파' 등의 자극적인 용어가 들어있다.	O / X
② 믿을 수 있는, 권위 있는 출처가 실명으로 기록돼 있다.	
③ 맞춤법이 정확하고 문장의 흐름이 일관된다.	
④	
⑤	
⑥	
⑦	
⑧	
⑨	
⑩	

Class 5.

광고

광고 카피를 활용한
문해력 게임과 글쓰기 연습

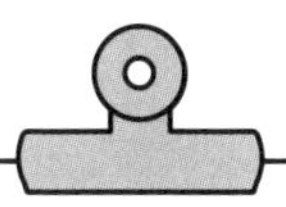

수업 목표

1. 광고의 정보 전달 특성을 파악해본다.
2. 전달하고자 하는 정보의 특성을 파악한다.
3. 정보를 압축하는 연습을 해본다.

광고는 최고의 문해력 교재

우리는 매일매일 수십, 수백 가지 광고를 접합니다. TV, 신문, 포털사이트뿐만 아니라 유튜브, 인스타 피드 속에서 튀어나오는 광고까지 너무나 많습니다. 미디어에 접속하지 않더라도 세상은 광고로 가득 차 있습니다. 버스를 타더라도 차체와 좌석에 광고가 붙어 있습니다. 지하철도 마찬가지죠? 지하철 역, 지하철 객차, 역 정보를 표시하는 화면에서도 광고가 나옵니다. 걸으면서 주변을 한번 둘러보세요. 상가 창문을 빼곡하게 채운 시트지도 광고인 걸 볼 수 있습니다. 우리는 매일매일 수많은 광고에 노출돼 살아가고 있지만 광고를 접하고 있다는 인식도 하지 못할 때가 많습니다. 자본주의 체제에서는 광고 역시 공기와 같습니다.

그런데 매일 접하는 수많은 광고 중에서 기억나는 광고가 있나요? 핸드폰에서 TV에서 심지어 길을 걷다가 마주친 수많은 광고 중에 눈길을 사로잡고 머릿속을 떠나지 않는 광고 문구나 나도 모르게 흥얼거린 CMCommercial Message송이 있나요? 있다면 몇 개 정도 되나요? 사람에 따라 다르겠지만 평생을 기준으로 생각해 봐도 접한 광고의 개수와 비교하면 기억나는 광고의 개수는 극히 적을 것입니다. 하지만 그렇게 한번 기억에 남은 광고는, 아주 오랜 시간이 지나더라도 생생하게 남아 있을 가능성이 높습니다. 이 이야기는 우리 주변에 그만큼 광고가 너무 많다는 의미이기도 하지만, 잘 만들어진 광고 문구가 그만큼 강력한 효과를 발휘한다는 의미이기도 합니다.

갑자기 무슨 광고 이야기인가 싶으시겠지만, 사실 광고는 리터러시 수업에 있어 매우 효과적인 '교구'입니다. 광고는 일종의 문해력의 '결정체'와 같습니다. 상품을 광고하려면 상품의 정보를 정확히 파악해야겠죠? 그리고 파악된 정보를 압축해 아주 짧은 한 문장으로 만들어내야 합니다. 상품의 정보를 잘 담아내면서도 구매자들의 욕구를 자극하고 구매를 설득하는 문구가 필요합니다. 또 광고를 하기 위해서는 기술의 발전에 따른 미디어의 특성을 정확히 인지해야 합니다. 신문과 TV, 유튜브 등의 특성을 정확하게

광고 수업에서 던져야 할 중요한 질문

친밀한 접근	① 혹시 기억에 남는 광고가 있니? ② 왜 그 광고가 기억에 남아 있니?
광고에 대한 개념	① 광고는 왜 만들까? ② 좋은 광고를 만들기 위해서는 무엇이 필요할까? ③ 왜 광고 카피는 짧게 만드려고 할까?
광고에 대한 이해	① '좋은 광고'의 기준은 무엇일까? ② '나쁜 광고'는 어떤 광고일까? ③ 왜 그 점이 나쁠까? ④ 직접 광고를 만든다면, 무엇을 제일 중요하게 생각할 것 같아?
광고의 미래	① 유튜브나 인스타그램에서는 어떤 광고를 끝까지 보게 돼? ② 앞으로 광고는 어떤 모습일까?
광고 기획전	① 상품의 광고 문구를 만들어볼까? ② 너희가 만든 카피를 스스로 평가해볼까?

파악해야 효과적인 맞춤형 광고를 만들고 실을 수 있습니다. 생각보다 굉장히 어려운 작업이죠?

지금까지는 정보의 특성과 정보의 왜곡 과정을 살펴봤는데요. 이제 정보를 생산하고 전달하는 실제 과정을 체험하는 수업 단계에 접어들었습니다. 먼저 그 체험을 뉴스와 광고로 나눴는데요. 그중에서도 우리 아이들이 많이 접하고 있고, 굉장히 친숙하고 또 재미있는 도구인 광고를 뉴스보다 먼저 아이들에게 소개하기로 했습니다.

광고 같은 콘텐츠, 콘텐츠 같은 광고

수업에 앞서 흥미를 돋우기 위해 재미있는 PPLProduct PLacement을 모아놓은 영상을 보여줬습니다. 재미있는 PPL이라니, 왠지 좋은 PPL일 것 같지만 사실은 그렇지 않습니다. 드라마 PPL은 잘된 사례가 많지 않습니다. 유튜브에 올라온 드라마 PPL 영상 모음의 대부분은 'PPL 대참사'로 불리는 사례입니다.

사랑하는 사람을 위해 맛있는 밥을 해주는 배우가 주방 찬장을 열자, 그릇 하나 없는 찬장에 웬 참치캔만 100개 놓여 있습니다. 신혼집을 알아보는 사이좋은 커플이 스마트폰의 부동산 앱을 켜고 방을 검색해 고민 없이 신혼집을 계약하죠. 부모님과 다툰

질풍노도의 청소년이 갑자기 전동 킥보드를 탄 채 눈물을 흘리며 도로를 질주합니다. 집에 들어온 배우가 가족과 인사도 하기 전에 집 안 공기가 왜 이 모양이냐며 공기청정기를 틀죠. 냉소적인 캐릭터의 배우가 친구에게 냉소적인 어투로 타이어 점검 서비스를 세세히 설명해줍니다. 정말이지 어색할 수밖에 없는 광고죠.

드라마에 PPL이 들어오면서부터 드라마 몰입을 방해하는 수준을 넘어, 아예 코미디로 장르가 전환된 것 같은 느낌도 줍니다. 몰입을 방해하는 무리한 PPL에 시청자들은 하나둘 지상파 드라마를 떠나기 시작했습니다. 그러자 지상파 드라마는 남아 있는 시청자들을 잡겠다며 '막장 드라마'를 편성하는 최악의 선택을 했습니다. 결국 지상파 드라마는 외면받고 시청자들은 넷플릭스와 디즈니 플러스 같은 해외 OTTOver The Top로 떠났습니다.

자, 이번에는 아이들에게 '광고 같은 드라마'가 아니라 '드라마 같은 광고'를 보여줍니다. 한 소셜 커머스가 만든 광고인데요. 유튜브를 기반으로 한 광고라 길이가 꽤 깁니다. 또 아이들이 친숙함을 느낄 수 있는 어린이 광고 모델이 등장합니다.[1]

광고의 내용은 이렇습니다. 한 초등학생 남자아이가 여자아이를 잘 챙겨줍니다. 여자아이가 아이스크림 포장지를 뜯는 데 어려움을 느끼자 남자아이가 어디선가 나타나 도와줍니다. 배드민턴 셔틀콕이 나무 위로 올라가 어쩔 줄 몰라 할 때도 남자아이가 갑자기 나타나 도와줍니다. 교통카드 충전이 안 돼 버스에서 당황해 할 때도 불현듯 나타나 대신 교통카드를 찍어줍니다. 하지만 정작 남자아이는 자신의 친구들이 여자아이와의 관계를 묻자 "아무 사이도 아니며 좋아하는 것도 아니"라고 말합니다. 속이 상한 여자아이는 남자아이에게 화를 냅니다. "너 뭐야, 왜 사람 헷갈리게 해? 왜 자꾸 필요한 시간에 딱 맞춰 나타나서 잘해주는데? 네가 무슨… '티몬 슈퍼마트'야?"

광고를 함께 보던 아이들이 빵 터집니다. 함께 수업을 하는 아이들에게 광고를 보여주면서 무슨 광고인지 맞춰보라고 했거든요. 아이들은 영상을 보면서 저마다 '빼빼로 광고' 아니면 '아이스크림 광고'라고 짐작했습니다. 중간에 빼빼로를 나눠 먹는 장면도 나오고, 아이스크림을 먹는 장면도 나오기 때문이죠. 하지만 '티몬 슈퍼마트'가 나올 줄은 상상도 못했을 겁니다. 재미있어 하는 아이들에게 말했습니다. "드라마가 광고 같으니까 좋은 평가를 못 받았는데, 광고를 드라마처럼 만드니 재미있다고 하지? 여러분이 정보를 전달하는 목적도 중요하지만, 정보를 어디로 전달할지, 어떻게 전달해야 효과적일지 생각해보는 것도 매우 중요해."

자, 이제부터는 광고에 대해 본격적으로 알아봅시다. 광고는 '넓을 광廣' 자에 '알릴 고告' 자로 이루어진 한자어입니다. 정보를 널리 알리는 활동이죠. 특히 우리가 사는 '자본주의' 사회에서의 광고는 특정 상품의 정보를 널리 알리는 행위를 의미합니다. 그렇다면 이 한자어를 기반으로 좋은 광고가 무엇인지 생각해봅시다. 세상에 널리 알리는 것이 광고라면? 좋은 광고는 '아주 널리 알려진 것'이겠죠?

이번엔 광고를 영어로 봅시다. 광고는 영어로 '애드버타이즈먼트Advertisement'입니다. 이 단어의 원형은 라틴어 '애드버터Adverter'인데요. 이 단어의 의미는 '주의를 돌리다'입니다. 그럼 영어의 어원을 통해 알 수 있는 좋은 광고는 무엇일까요? '사람들의 주의를 확 끄는' 광고일 것입니다. 종합해보면 좋은 광고란, 사람들의 관심을 확 끌 만한, 그래서 널리 알려진 광고라고 할 수 있겠습니다.

이번에는 광고의 역사에 대해서도 간단히 알아봅시다. 광고는 언제부터 시작되었을까요? '누군가의 영리적 목적을 위해, 불특정 다수에게 널리 특정 정보를 알리는 행위'를 광고라고 규정한다면, 그 기원은 생각보다 오래전으로 거슬러 올라갑니다. 지금으로부터 5000여 년 전인 기원전 3000년, 고대 바빌론에서 벌어졌던 호객행위를 광고의 시작으로 보는 사람들도 있고요. 고대 이집트에서 발견된 "도망간 노예를 찾는다"는 전단이나, 화산폭발로 사라진 도시 폼페이에서 발굴된 한 술집의 간판도 광고의 원형 중 하나로 평가받고 있습니다. 수천 년 전에도 광고가 있었다니, 참

신기하죠?

우리가 아는 지금의 그 형태로 광고가 등장한 것은 매스미디어의 발전 이후입니다. 광고는 '널리 알리는 행위'라고 말씀드렸죠? 시대가 흐르고 기술이 발전하면서 더 많은 사람에게 정보를 전달할 수단이 생기기 시작했습니다. 매스미디어의 시대가 도래한 것이죠. 인쇄기술이 발달하면서 신문이 등장했고요. 전기와 전파가 상용화되면서 TV가 등장했습니다. 그리고 PC와 인터넷이 발달하면서 유튜브가 등장했죠.

신문이 수십만 명의 구독자를 대상으로 광고를 할 수 있는 미디어라면, TV는 수천만 명의 시청자를 대상으로 광고를 할 수 있는 미디어고요. 유튜브는 전 세계 수십억 명의 이용자를 대상으로 광고가 가능한 플랫폼입니다.

매스미디어가 등장하기 전까지의 광고는 내가 사는 동네의 주민들 정도가 그 대상이었지만, 매스미디어 이후의 광고는 얼굴도 모르고 성격도 모르는 불특정 다수를 대상으로 합니다. 그 불특정 다수는 국경과 인종을 초월하며, 그 범위는 점점 더 넓어지고 있습니다.

넓어진 시장만큼 광고를 하려는 사람도 많아졌는데요. 이는 광고 시장의 경쟁이 더 치열해졌음을 의미합니다. 이 경쟁에서 승리한 광고는 최대한 많은 사람에게 전파된 광고일 것입니다. 많은 사람이 이 광고를 인식하도록 하기 위해서는 이해하기 쉽고 기억하기 쉬운 요소가 필요합니다. 여기에 사용되는 가장 효율적인 방법이 바로 '한 줄의 카피'입니다.

'침대는 과학입니다' '커피는 맥심' '요리할 땐 연두해요' '별이 다섯 개' '피로는 간 때문이야' '결혼해 듀오'. 오래 기억에 남는 광고 카피들은 제품의 정체성을 담아내면서도 글자 수는 열 개를 넘지 않는 경우가 많습니다. 이런 광고 카피를 만들어내는 작업에는 창의력뿐만 아니라 어휘력, 문해력, 디자인 감각, 시대 감각, 그리고 공감 능력까지 필요합니다. 따라서 광고 카피를 작성하는 연습은 현대 사회에서 점점 더 중요해지고 있는 융합적 사고력을 키워줄 수 있습니다. 또한, 뇌리를 스치는 광고 카피가 떠올랐을 때의 즐거움은 상당하죠.

시대를 읽어야 하는 광고

좋은 광고를 평가하는 기준 중에서도, 특히 최근에는 시대 감각과 공감 능력이 매우 강조됩니다. 이번에도 아이들에게 좋은 광고와 나쁜 광고 모음 영상을 보여줬는데요. 이 영상의 기준이 바로 시대 감각과 공감 능력이었습니다.

최근에는 유튜브로 광고 시장이 몰리면서 TV 광고가 화제가 되는 경우는 많이 줄었습니다만, 몇 년 전만 해도 새 광고를 발표할 때마다 소소하게 화제가 됐던 광고가 있었습니다. 박카스와 초코파이였죠. 먼저 박카스 광고를 살펴보겠습니다. 광고를 볼 때마다 아이들에게 ① 이 광고는 무슨 광고일까? ② 이 광고의 '카피'는 무엇일까?를 묻고 광고에 점수를 매겨보도록 한 뒤, 그 이유를 물어보면서 가볍게 대화를 나누었습니다.

> **"태어나서 가장 많이 참고 일하고 배우며 해내고 있는데, 엄마라는 경력은 왜 스펙 한 줄 되지 않는 걸까? 나를 아끼자 박카스."[2]**

이 광고의 카피는 '나를 아끼자 박카스'입니다만, 이에 앞서 대한민국 현실에서 살아가는 엄마들의 자기희생을 보여줍니다. "온종일 집안일에 매진하고 아이의 비위를 맞추며 가족을 위해 희생하고 있지만, 이력서나 자기소개서에 한 줄 쓸 수 없는 노동이 바로 엄마라는 노동이다. 이 모진 희생을 감내하고 있는 엄마들, 아무도 몰라주는 피로 회복을 위해 박카스 한 병 정도는 사 마시는 것이 바로 '나를 아끼는 길'이다." 이것이 이 광고의 핵심 메시지입니다.

결국 박카스를 사 먹는 것이 나를 아끼는 것이라는 메시지를 전달하고 있지만, 이 광고는 단순한 제품 홍보를 넘어 경력이 단절된 채 21세기를 살아가는 대한민국의 많은 엄마들의 현실을 반영하며 공감을 불러일으키는 좋은 광고입니다.

이번에는 초코파이 광고를 보겠습니다. 2014년에 제작된 해당 초코파이 광고에는 다양한 모델이 등장합니다만, 유명한 연예인은 등장하지 않습니다. 대신 행군하는 군인, 좌절하는 여성, 시험을 보는 학생들이 등장하는데요. 초코파이는 좌절하고 있는 우리 주변의 많은 이들을 직접 도울 수는 없지만, '이들과 마음을 함께하는 누군가가 있다는 사실은 전해질 수 있다'고 말합니다. 평범한 사람들과 함께하는 마음, 그것이 우리나라의 '정'이라고 말합니다. 광고 카피는 '오리온 초코파이 정'이고요. 평범한 사람들과 나누는 '정'을 표현하기 위해 연예인 광고모델이 아닌 동시대를 살아가며 좌절하고 힘들어하는 수많은 일반인을 등장시켰습니다.[3]

보기만 해도 마음이 따뜻해지는 광고죠. 두 광고는 유명 모델을 쓰지 않으면서도 늘 화제를 불러일으켜왔고요. 시대정신과 공감 능력으로 좋은 평가를 받아왔습니다.

반대로 논란이 됐던 광고들을 보겠습니다. 2015년 KB국민카드의 광고는 남자친구를 군대에 보낸 여성이 등장하는데요. 이 여성은 남자친구를 군대에 보내자마자 화장을 고치고 클럽으로 갑니다. 배경에는 '지루했던 남자친구는 군대로, 나는 어장 관리하러 홍대로'라는 가사가 등장합니다. 이건 남성과 여성 모두에게 불쾌감을 줄 수 있는 광고죠.

2012년 아모레퍼시픽의 광고도 논란이 됐습니다. 명품 가방을 갖는 법에 대해 설명하는 대목이 있는데요. 투잡을 하고 돈을 모으는 방법, 친구를 끊고 돈을 모으는 방법 등을 소개하다가 "대체 어느 세월에"라고 한숨을 쉬고 난데없이 "남친을 사귄다"라는 방법을 제시합니다. 결국 아모레퍼시픽은 논란 끝에 공개 사과하고 광고를 중단시키기까지 했습니다. 사실 이런 광고들은 이렇다 할 카피조차 꼽을 것도 없었습니다.

또 하나 크게 논란이 되었던 광고는 2006년 프루덴셜 생명의 광고였습니다. "10억을 받았습니다"라는 문구로 유명해진 광고죠. 남편이 죽었는데 보험사가 아무 말 없이 남편과의 약속을 지키는 거라며 10억을 줬다는 내용이었습니다. 보험사의 이미지를 제고하려는 목적이었겠지만, 사실 이건 매우 당연한 겁니다. 보험인데요. 이 광고는 남편이 죽었는데 보험사에서 10억 원을 '아무 말 없이 줬다'는 것이 왜 감동 포인트냐는 비판을 받았습니다.[4]

어떤가요? 좋은 광고를 만드는 것이 생각보다 쉽지 않죠? 시대정신은 다양하고, 공감 능력은 객관화된 기준이 없기 때문에 이를 맞추기가 사실 쉽지는 않습니다. 결국 시대를 잘 읽는 방법은 다양한 글과 의견을 상시적으로 접하는 것밖에 없습니다. 즉 '인문학적 소양'이 필요하죠. 다양한 글과 의견을 효과적으로 읽기 위해서는 역시 '문해력'이 필수 역량이 될 수밖에 없습니다.

광고 카피 만들어보기

자, 이제 아이들과 함께 광고 카피를 만들어봅시다. 수업에서는 광고 카피를 뽑아볼 제품을 선정하는 것부터 사실 상당한 고민거리였는데요. 아이들이 한번쯤은 접했을 법한 대중적이고 친숙한 제품, 그리고 특징이 분명한 제품이 무엇인지 고민했습니다.

그리고 더운 날 수업을 듣는 아이들을 위해 준비한 음료를 대상으로 광고 카피를 뽑아보기로 했습니다. 그래서 선택한 제품이 '바나나맛 우유'였습니다.

아이들에게 나눠준 워크페이퍼에는 여섯 가지의 질문을 담았습니다. 첫 번째는 '여러분이 판매하려는 제품의 이름', 두 번째는 '이 제품의 특징', 세 번째는 '이 제품의 장점', 네 번째는 '이 제품의 단점'이었습니다. 다섯 번째는 '이 제품을 누구에게 팔고 싶은가', 그리고 마지막은 '여러분이 만든 한 줄의 광고 카피는?'이었습니다.

아이들은 바나나맛 우유를 이리 돌려보고 저리 돌려봤습니다. 모두 마셔봤던 음료였겠지만, '바나나맛 우유의 특징이 뭘까' 생각해본 건 아마 처음이었을 겁니다. 빈칸을 채우기 위한 고민의

광고 카피 만들기 워크페이퍼

작성 일시 : ○○○○년 ○○월 ○○일

판매하려는 제품		〈제품 사진〉
제품의 특징		
제품의 장점		
제품의 단점		
판매 대상		
한 줄 카피		

시간이 이어졌습니다. 아이들은 크기를 재보기도 하고요, 평소 읽어봤을 리 없는 바나나맛 우유의 포함 성분을 읽기도 했습니다. 당연히 마셔도 봤습니다.

아이들의 관찰 결과는 뜻밖이었습니다. '노란색' '둥근 모양' 정도의 특징을 쓸 것이라고 예상했지만, 아이들의 관찰력은 훨씬 예리했습니다. 정민이와 아윤이는 칼로리와 용량까지 꼼꼼히 기록했으며, 이 제품이 1974년부터 만들어졌다는 것도 찾아냈습니다. 다빈이는 '뜯먹'이라는 바나나 우유의 해시태그에 주목했습니다.

참고로 '뜯먹'은 바나나맛 우유의 캠페인인데요. 빨대 사용을 자제하고, 버릴 때는 뚜껑을 따로 분리해 재활용하자는 환경보호 캠페인입니다. 태희도 바나나맛 우유의 단점으로 플라스틱이 환경오염을 유발할 수 있다는 점을 꼽았습니다. 아이들이 환경에 참 관심이 많죠?

지온이는 노란 바탕에 눈에 잘 띄는 초록색으로 글자를 적은 것이 눈에 띄었다고 했습니다. 그리고 특이한 우유갑의 생김새와 눈에 띄는 색깔 배치, 즉 디자인에 주목했습니다. 디자인적인 면에서 특이한 우유갑의 생김새 때문에 뜯을 때 일부 내용물이 쏟아질 수 있다는 점을 단점으로 꼽기도 했습니다.

아이들의 관찰력이 상당하죠? 별것 아닌 것 같은 주변의 물건도 아이들에게 관찰을 시키면 생각지 못한 특징을 발견하곤 합니다. 아이들이 무엇인가를 관찰하고 그 특징을 잡아내는 훈련을 반복하면 나아가 글을 읽을 때 지문도 세심히 읽을 수 있습니다.

자, 이제 아이들에게 광고 카피를 뽑아보라고 했습니다. 사물의 특징과 장단점을 잘 파악했다 하더라도, 이를 단 하나의 문장으로 만드는 것은 숙련된 사람들에게도 매우 어려운 일입니다. 그래도 아이들은 열심히 고민했는데요. 아이들의 뽑아본 광고 문구는 아래와 같습니다.

태희: 싸고 맛있는 우유! 빙그레 바나나맛 우유.

다빈: 지구까지 챙기는 맛있는 우유.

정민: 과거에도 오늘도 내일도 미래에도 바나나 우유는 맛있다.

동아: 바나나맛 우유는 여러분들을 행복하게 만들어줍니다.

아윤: 바나나맛 우유 하나가 당신을 행복히게 만듭니다.

지온: 목욕이 끝나고도, 회식자리 끝에서도, 가족들과 함께와도. 1974년부터 '늘 우리와 함께 있는 바나나맛 우유', 함께하세요.

어떤가요? 아이들이 그냥 대충 뽑은 것 같나요? 그렇지 않습니다. 다빈이의 경우 '지구까지 챙기는'이라는 카피를 뽑았는데요. 아까 다빈이가 주목한 바나나 우유의 특징 중에 '뜯먹'이라는 해시태그가 있다고 말씀을 드렸습니다. 그 특징에서 나온 카피로 보입니다. 태희의 경우 제품의 가장 큰 장점이 '싸다'는 것, 그리고 '작아서 들고 다니면서 마실 수 있다'는 것을 꼽았는데요. 자신이 생각한 제품의 장점에 맞게 카피를 뽑았습니다.

이 광고 카피 뽑기 과제에서 가장 중요한 것은 자신이 광고할 물체를 잘 관찰했는지 여부와 그 관찰을 통해 물건의 특징과 장점을 얼마나 짧고 강렬하게 요약했는지 여부입니다. 이 과정이 리터러시 수업의 본질이기도 하고요. 문해력의 가장 근본적인 힘이기도 합니다.

광고 '공해'

아이들은 수업이 끝난 줄 알았지만 사실 광고와 관련해 꼭 짚고 넘어가야 할 것이 하나 더 있었습니다. 처음으로 돌아가 봅시다. 우리는 주변에서 수많은 광고를 접하고 있습니다. 주변을 둘러봐도 광고, 컴퓨터를 켜도 광고, 핸드폰을 들어도 광고, 온통 광고뿐이죠.

특히 최근 광고의 추세는 '경계의 붕괴'입니다. 광고와 광고가 아닌 것의 경계가 무너지고 있습니다. 올드 미디어들을 먼저 볼까요? 먼저 신문이 있다면 한번 펴봅시다. 그러면 어디가 기사이고 어디가 광고인지 금방 구분할 수 있습니다. TV도 마찬가지입니다. 예전에는 한 프로그램이 끝나고 다음 프로그램이 시작될 때 광고가 배치됐었습니다. 콘텐츠와 광고의 영역이 분명했죠.

그런데 지금은 다릅니다. 최근 뉴스는 주로 인터넷을 통해 소비되는데요. 특히 포털사이트를 통해 접하는 경우가 많습니다. 가끔은 포털사이트를 통하지 말고 언론사 홈페이지에 직접 접속해보세요. 뉴스보다는 덕지덕지 붙은 광고에 더 눈이 갈 것입니다. 최근에는 '애드버토리얼'이라는 것도 있는데요. 우리말로 번역하면 '기사형 광고'쯤 됩니다. 기사처럼 보이지만 누군가의 돈을 받고 쓴 것. 그러니까 사실은 '광고'라는 것이지요. 뉴스는 기자가 객관성을 갖고 취재해서 독자들에게 정보를 제공하는 행위입니다만, 돈을 받고 기사를 쓴 광고는 객관적인 정보라고 할 수 없습니다.

사실 애드버토리얼은 우리나라 언론만의 특이 현상은 아닙니다. 해외에서도 널리 활용되고 있죠. 다만 타국의 유력 언론사들은 광고를 기사처럼 쓰더라도, 대부분 이 기사가 광고임을 먼저 고지하는 반면 우리나라는 관련 규제가 없습니다. 그래서 많은 언론이 돈을 받고 쓴 광고 글을 기사로 위장해 자사 홈페이지는 물론 포털에까지 기사 형태로 내보냅니다. 2022년만 해도 독자들에게 혼란을 일으키는 이런 기사형 광고가 무려 1만 건을 넘었습니다.[5]

아이들에게도 이런 사례를 보여줬습니다. 한 인터넷 매체의 뉴스 페이지를 보여준 건데요. 아이들에게 이 뉴스에 붙은 광고가 몇 개인지 찾아보라고 했습니다. 이 언론사는 정도가 좀 과해서 아이들이 세다가 결국 포기할 정도였습니다. 언뜻 봐도 한 페이지에 30개가 넘더군요. 하지만, 아이들이 찾지 못한 가장 중요한 광고가 있었습니다. 사실은 이 기사 자체가 광고였던 것이죠. 그 사실을 알려줬더니 아이들도 좀 질리는 눈치였습니다.

신문이나 인터넷 언론뿐 아니라 방송에서도 비슷한 일이 일어납니다. 뉴스나 생활 정보 프로그램에서 돈을 받고 특정 제품을 홍보하는 리포트를 만드는 것이죠. TV에서는 더 교묘한 방법이 사용되기도 했는데, 동시간대 뉴스에서 특정 제품을 광고하고 바로 옆 채널인 홈쇼핑 채널에서 해당 제품을 판매한 것이죠.[6]

뉴미디어도 마찬가지입니다. 얼마 전 이것 때문에 인터넷이 떠들썩했는데요. 바로 '유튜브 뒷광고' 논란이었습니다. 광고비를 받아놓고 표기하지 않은 채, 자기 돈으로 산 좋은 제품인 양 홍보해온 유튜버들이 잇달아 적발된 사건입니다.

이 논란으로 일부 유명 유튜버들은 활동 중단까지 한 바 있습니다. 이 논란 이후 유튜브뿐 아니라 인스타그램 등 SNS에서는 관련 콘텐츠에 금전적 지원과 협찬 등 어떤 경제적 대가를 받았는지 명확하게 기재하도록 방침이 바뀌었습니다. 언론만큼의 책임을 물을 수는 없습니다만, 유튜버나 인플루언서라 하더라도 타인에게 정보를 전달하는 과정에서 사실과 다른 정보를 전달한 것은 매우 중대한 문제라고 봤기 때문입니다.

또 하나의 문제는 '알고리즘'입니다. 현대 사회에서 많이 익숙한 단어가 됐죠. 알고리즘은 '문제를 해결하기 위한 절차나 방법'을 의미하지만, 광고와 결합되면서 고객의 욕구를 파악해 이에 맞는 제품을 홍보하는 절차나 방법쯤으로 받아들여지고 있습니다. 쉽게 말해 '맞춤형 광고'라는 것이죠. 인터넷에서 신발을 몇 켤레 검색했다가 이후 다시 인터넷을 켜면, 다른 사이트에 들어갔음에도 계속해서 신발 광고가 노출되는 식입니다. 어떨 때는 이 알고리즘이 굉장히 편리합니다. 신발을 사고 싶을 때 계속해서 여러 종류의 신발 광고가 노출되니, 일일이 찾아다니는 수고를 덜 수 있죠. 하지만 이 알고리즘이 가능하기 위해서는 반드시 필요한 것이 있습니다. 바로 개개인의 '개인정보'입니다.

2022년, 페이스북과 인스타그램을 운영하는 메타는 광범위한 개인정보 수집 동의를 사실상 이용자들에게 강제했습니다. 우리나라에서 인스타그램을 이용하는 사람만 2000만 명에 달한다고 하니, 사실상 메타는 전 국민의 개인정보를 확보하는 셈입니다. 게다가 메타는 이 정보를 다른 곳과도 공유하겠다고 밝혔는데요,[7] 그래도 되는 걸까요?

동의를 했는지 안 했는지도 모르게 내 개인정보를 야금야금 수집하는 곳도 있습니다. 바로 구글입니다. 우리 국민 대부분이 스마트폰을 사용하고 있고, 그중 상당수는 안드로이드 운영체제를 사용하고 있습니다. 아이폰을 사용하는 사람들도 대부분 유튜브를 이용하며, 유튜브는 구글 로그인이 필요하기 때문에 사실상 스마트폰을 사용하는 거의 모든 사람의 개인정보가 구글에 저장되고 있다고 볼 수 있습니다.

아이들에게 구글이 개인정보를 어떻게 수집하고 있는지 보여줬습니다. 먼저 구글에 갑니다. 그리고 오른쪽 상단에 로그인된 이름 옆에 점 아홉 개가 찍혀 있는 탭, '구글 앱'을 누릅니다. 여기에 검색, 지도, 유튜브 등 어플리케이션들이 있는데요. 하단에 '내 광고 센터'가 있습니다. 여기로 들어갑니다. 그리고 좌측의 '개인정보 보호 관리'로 들어갑니다. 이곳이 구글이 수집한 이용자의 정보가 있는 곳입니다. 다만 이곳에는 개인이 입력한 정보, 그러니까 주소 등의 정보는 들어있지 않습니다. 이곳에는 구글이 이용자의 검색 내용을 통해 파악한 이용자의 정보가 들어 있습니다.

제가 구글에 가입한 지 십수 년이 지났는데요. 처음 G메일을 만들고 그 이후 어떤 개인정보도 스스로 입력한 적이 없습니다. 하지만 구글은 저를 '기혼자'로 분류했고요. 미취학 자녀가 있다는 것도 알고 있었습니다. 교육 수준과 소득 수준, 회사 규모, 주택 소유 여부까지 알고리즘을 통해 분류했고 이 분류는 상당 부분 사실과 일치했습니다. 알려준 적도 없고, 나의 이런 정보를 수집해도 괜찮다고 동의한 적이 없는 것 같은데 검색기록을 저장하고 이를 분석해서 이용자를 분류했고요. 이에 맞춰 광고를 제공하고 있었던 것입니다. 무섭죠? 아이들도 꽤나 신기해했습니다. 수업 때문에 제 알고리즘 정보를 굳이 지우지 않았지만, 원하는 분들은 광고에 알고리즘 정보를 사용할지 여부를 선택할 수 있습니다.

사실 유튜브에서 이런 알고리즘을 없애는 방법도 있습니다. 구글에서 '계정 관리'로 들어가서, '데이터 및 개인정보 보호' 탭을 통해 'YouTube 기록'으로 이동한 다음, 여기서 오래된 활동을 삭제해 그동안의 유튜브 검색 기록을 지우는 거지요. 부모님이 아이들과 휴대폰을 들고 직접, 함께 해보는 것도 좋겠습니다. 이 과정을 통해 개인정보 보호·온라인 권리에 대해 한 번 더 생각해볼 수 있습니다.

광고 홍수 속에서 살아가기

다섯 번째 수업이 끝났습니다. 광고는 아이들에게 워낙 익숙한 콘텐츠이기 때문에 아이들이 관심을 많이 가졌습니다. 광고만으로도 리터러시-문해력 수업을 몇 차례 구성할 수 있을 정도로 광고를 통해 배울 수 있는 것, 해볼 수 있는 것도 많습니다. 혼자 광고 카피를 뽑아보는 것을 넘어, 아이들과 그룹 수업을 할 때 조를 짜서 특정 상품에 대한 광고 카피 대회를 열어보는 것도 재미있을 것 같습니다. 카피를 만들어 역으로 상품을 유추하는 게임도 해볼 만할 것 같습니다.

수업을 하면서 아이들이 만든 광고의 카피를 생성형 이미지 AI 툴을 이용해 포스터로 전환하는 작업도 해봤습니다. 마이크로소프트의 생성형 이미지 AI를 이용했는데요. 윈도우에서도 쉽게 접근 가능합니다. 생각대로 아이들이 무척 좋아했습니다. 인공지능에 아이들이 만든 광고 카피만 넣으면 되기 때문에 제작은 아주 손쉬운 반면 만족도는 높았습니다. 물론 아주 초보적인 단계의 광고 포스터지만, 나름 의미 있는 결과물이었습니다.

광고를 활용한 글쓰기 연습

광고는 매우 흥미 있는 작업입니다. 광고는 다양한 형태로 글쓰기 연습에 활용될 수 있습니다. 광고를 이용한 문해력 게임도 할 수 있지요. 특정한 상품(제품)의 대표적인 특징을 설정해 놓고 광고 카피를 뽑는 것입니다. 그냥 하면 재미없으니 20글자 정도부터 시작해서 한 글자씩 줄여나가는 방식의 게임을 할 수 있습니다.

아이들이 작성한 카피로 만든 광고 포스터

키워드를 '바나나맛 우유' '건강' 등으로 몇 가지 제시하고 누군가가 '건강한 맛 바나나 우유'라는 아홉 글자의 카피를 뽑았다면, 그 뒤를 이어 다른 사람이 '바나나맛 건강 우유' 이렇게 여덟 글자의 카피를 뽑는 방식입니다. 제품의 특징을 더 압축해 설명하기 위해서는 다양한 어휘를 파악하고 있어야 하고요. 순발력도 필요합니다.

요즘은 유튜브를 기반으로 광고를 제작하다 보니 길이에 구애받지 않는 재미있는 광고들이 많이 나옵니다. 무슨 광고인지 짐작도 못하다가 마지막에 반전 형태로 제품을 소개해 재미를 주는 광고들이 많은데요. 이런 형태의 광고를 보면서 어떤 광고인지 맞춰보는 게임도 가능합니다.

무엇보다 광고를 만들어보는 과정 그 자체가 문해력을 신장시키는 데 큰 도움이 됩니다. 소개할 상품, 상품의 특징을 적어보고 상품을 판매할 대상을 설정한 뒤, 판매할 대상에게 상품의 매력을 충분히 보여줄 수 있는 광고 카피를 뽑아보는 것입니다. 또는 아이가 학생회장 선거 혹은 반장 선거에 나간다고 가정하고, 학교 친구들에게 자신의 매력을 보여줄 수 있는 선거 캐치프레이즈를 만들어보는 것도 재미있는 경험이 될 것입니다.

광고 카피 게임

작성 일시 : ○○○○년 ○○월 ○○일

광고 제품	
원 광고 카피	
자유 카피	
10자 카피	
9자 카피	
8자 카피	
7자 카피	
6자 카피	
5자 카피	

선거 포스터 작성해보기

작성 일시 : ○○○○년 ○○월 ○○일

후보자 이름	
후보자의 특징	
주요 공약	
캐치프레이즈	

포스터

Class 6.

뉴스

뉴스 구조를 파악하는 것은
문해력의 근본적인 힘이다

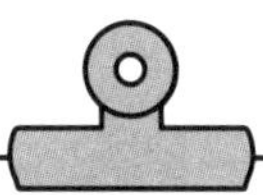

수업 목표

1. 뉴스의 특징을 파악한다.
2. 글의 사실과 의견을 구분한다.
3. 뉴스 형태의 글쓰기 방식을 익힌다.

뉴스를 알아야 글이 보인다

지하철을 타고 주변을 둘러보면, 혼자 지하철을 탄 사람 100이면 100, 휴대전화를 들고 있습니다. 여러분도 아마 그럴 것입니다. 지하로만 다니는 지하철에서는 밖을 볼 수 없고, 모르는 사람을 빤히 쳐다보는 경우는 더더욱 없습니다. 핸드폰을 들고 있는 분들 중에는 친구와 카톡을 하는 분들도 있고, 인스타그램 피드 등 SNS를 보는 분들도 있을 것입니다. 유튜브를 보는 분들도 있고, 넷플릭스 등 OTT를 통해 드라마나 영화를 보는 분들도 있을 것입니다. 하지만 뉴스를 보는 분들은 많이 없을 겁니다.

한국인의 75퍼센트는 포털을 통해 뉴스를 본다고 합니다.[1]

하지만 스마트폰 이용자가 가장 많이 사용하는 앱은 유튜브로, 여기에 1044억 분을 소비하는 반면, 뉴스가 유통되는 네이버는 222억 분이 소비되는 데 그쳤습니다.[2] 옛날부터 스마트폰으로 뉴스를 보던 분들은 지금도 계속해서 뉴스를 볼 가능성이 높습니다. 그렇다면 이 의미는 새로 스마트폰 시장으로 유입되는 분들, 즉 우리 아이들이 뉴스를 잘 보지 않는다는 의미가 됩니다.

분명히 아이들은 뉴스를 잘 보지 않습니다. 수업이 시작되기 전 아이들에게 당시 회자되던 뉴스에서 나온 단어와 개념을 알고 있는지 물어봤는데요. 역시 잘 모르는 경우가 대부분이었습니다. 그러나 뉴스는 예나 지금이나 정제된 정보, 정확한 정보를 가장 확실하게 파악할 수 있는 효과적인 수단입니다. 또 압축되고 정제된 표현, 사실과 의견의 분리 등 문해력을 키울 수 있는 요소가 많은 효과적인 학습 도구이기도 합니다. 그런데, 정작 우리 아이들이 뉴스를 안 보고 있습니다. 이거 큰일이죠?

그러면 지금의 부모님 세대, 우리의 옛 시절로 돌아가봅시다. 우리는 뉴스를 언제 봤을까요? 우리 세대가 어렸을 때는 웬만한 가정마다 신문 한 부씩은 구독했습니다. 신문은 포털과 비교조차 안 될 정도로 정제된 정보가 수록된 매체입니다. 그런데, 그 시절 우리는 신문을 봤나요? 아마 안 보신 분들이 더 많을 겁니다. 뉴스를 접할 수 있는 또 다른 방법은 매일 저녁 9시, TV 앞에 모여

9시 뉴스를 시청하는 것이었습니다. 그런데 그때, 뉴스를 보셨나요? 안 보신 분들이 더 많을 겁니다. 그 시간은 아마 스포츠 뉴스를 기다리거나, 그렇지 않다면 10시 드라마를 보기 위한 대기 시간 정도였을 겁니다.

그렇습니다. 아이들은 원래 뉴스를 안 봅니다. 재미도 없고, 아이들에게는 의미도 없습니다. 심지어 너무 어려워서 봐도 무슨 말인지 모릅니다. 이건 아이들의 잘못이 아닙니다. 뉴스를 만드는 사람들은 어린이를 뉴스 독자로 생각하지 않습니다. 어린이뿐만 아니라 처음 뉴스에 접하는 독자들에게도 뉴스는 매우 불친절합니다.

하지만 아이들은 뉴스를 접해야 합니다. 앞서 말씀드린 대로 뉴스는 정보를 전달하는 현대 사회의 가장 정제되고 신뢰할 수 있는 수단입니다. 가깝게는 뉴스를 통해 학습 정보를 얻을 수 있고요. 멀게는 사회에서 벌어지는 각종 현상을 접하고 이해하면서 통찰력을 기를 수 있습니다. 문해력도 쑥쑥 자랍니다. 자신의 생각을 구축하고 표현하는 데 논리가 잡히고 학습에 대한 성취감도 얻을 수 있습니다.

이번에 아이들과 함께 공부해볼 주제는 '뉴스'입니다. 뉴스에 흥미가 없는 아이들이 뉴스를 친숙하게 접할 수 있도록 뉴스의 구조를 알려주고 구조의 특징을 확인해보는 시간을 가질 겁니다. 분

뉴스 수업에서 던져야 할 중요한 질문

친밀한 접근	① 뉴스를 본 적 있거나, 기억에 남는 뉴스가 있니? ② 왜 뉴스를 잘 안 보게 되는 것 같아? ③ '뉴스'라는 단어를 들으면 어떤 이미지가 떠올라? ④ 기자는 어떤 사람일까?
뉴스에 대한 개념	① '뉴스'는 무엇일까? ② 뉴스의 목적은 무엇이고, 어떤 역할을 할까? ③ 뉴스에는 어떤 것들이 있을까?(뉴스의 종류) ④ 정보를 뉴스로 만들 수 있는 기준은 무엇일까? ⑤ 뉴스를 신뢰할 수 있는 기준은 뭘까?
뉴스의 비판적 이해	① 뉴스가 얼마나 큰 영향을 미칠 수 있을까? ② 뉴스를 보면, 우리 사회에 도움이 되는 것 같아? ③ YES or No: 왜 그렇게 생각했어? ④ 뉴스를 보거나 들을 때, 주의해야 할 것은 무엇일까?

명히 어려운 주제입니다만, 앞으로 미디어 리터러시에 대한 심화 수업을 하기 위해서는 꼭 거쳐야 하는 관문입니다.

뉴스가 되는 것, 뉴스가 안 되는 것

먼저 아이들에게 영상을 하나 보여줬습니다. 뉴스에 대한 관심은 없을 수 있지만, '기자'라는 직업에 대해서는 아이들이 관심을 가질 수도 있는데요. 기자라는 직업을 가진 사람들이 평소에 어떤 일을 하는지 보게 된다면, 뉴스에 대한 흥미로 이어질 수도 있고, 그들의 업무 과정을 통해 뉴스의 중요한 특징을 찾을 수도 있습니다. 마침 조선일보에서 제작한 유튜브 영상이 있었는데요. 조선일보는 신문과 방송(TV조선)을 동시에 운영하는 미디어 기업이죠. 아이들에게 보여준 영상은 신문기자와 방송기자가 매일 어떻게 일을 하고 있는지 비교해서 보여주는 내용이었습니다.[3]

영상을 본 뒤 아이들에게 "기자의 생활이 어떨 것 같아?"라고 물어봤습니다. "어려워 보인다. 힘들어 보인다"는 답변이 나오네요. 물론 "보람이 있을 것 같다"는 얘기도 있었습니다.

자 이번에는 수많은 언론사 로고가 붙은 사진을 보여줬습니다. 그리고 "혹시 이 중에서 아는 언론사가 있니?"라고 물었는데요. 몇몇 신문사의 이름이 나오기는 했습니다만, 거의 대부분 아이들은 KBS, MBC, SBS 등 방송사의 이름만 말했습니다. 심지어 〈한겨레〉 〈조선일보〉 〈중앙일보〉 같은 국내 유명 신문사의 이름도 "처음 듣는다"는 아이들이 대부분이었습니다. 그도 그럴 것이 아이들은 신문을 접할 기회가 없었습니다. 신문 구독률은 아이들이 태어나기 전부터 급감하기 시작했고, 지금은 열 집 중 한 집도 신문을 보지 않습니다. 심지어 이 아이들보다 더 어린 아이들은 아예 방송사의 이름조차 모르는 경우가 있습니다. 영상 콘텐츠 소비는 대부분 유튜브나 넷플릭스를 통해 이뤄지거든요. "만나면 좋은 친구"라는 로고송은 몰라도, 넷플릭스의 '두둥' 소리는 거의 대부분의 어린이들이 알고 있을 것입니다. 시대는 그렇게 빨리 변하고 있습니다.

이제 본격적으로 아이들에게 뉴스에 대해 알려줄 시간입니다. 뉴스는 무엇일까요? 아이들은 "새로운 소식" "어려운 이야기"라고 답하는데요. 맞습니다. 뉴스는 말 그대로 새로운 사실을 의미하고요. 신문이나 방송 같은, 불특정 다수에게 전달되는 '매스미디어'를 통해 전파됩니다. 또한 정치, 경제, 사회 등과 관련된 다양한 정보와 그 정보를 전달하는 행위도 뉴스라고 합니다.

그러면 세상의 모든 새로운 소식이 '뉴스'가 될까요? 물론 아닙니다. 내가 새 신발을 산 것은 뉴스로 다뤄지지 않습니다. 언론사가 특정한 정보를 뉴스로 만들기 위해서는 '기준'이 필요합니다.

그 기준이 바로 시의성·중요성·근접성·명성·갈등·인간의 관심·일탈 등입니다.[4]

시의성이란 최신 정보를 말하는 것이죠. 세종대왕께서 한글을 창제하셨다는 것은 인류사에 중요한 사건입니다만, 지금 이 시대에 뉴스가 되지는 않습니다. '중요성', 이건 굳이 설명을 하지 않아도 될 것 같습니다. '근접성', 많은 사람들과 관계있는 정보가 뉴스가 된다는 의미입니다. 정치인이 자기 돈으로 신발을 사면 뉴스가 안 되지만 세금을 유용해 개인 신발을 사면 뉴스가 됩니다.

'명성', 유명한 사람의 행위가 뉴스가 된다는 것이죠. BTS가 미국으로 출국하면 뉴스가 되지만, 제가 미국으로 가는 건 아무도 신경을 쓰지 않습니다. 갈등, 많은 사람들 사이에 싸움이 벌어진다면, 그들이 유명인이 아니더라도 뉴스거리가 됩니다. 마지막으로 '일탈', 언론계에는 유명한 말이 있는데요. 개가 사람을 물면 뉴스가 안 되지만 사람이 개를 물면 뉴스가 된다는 말입니다.

어렵고 복잡하죠? 간단하게 말하면 유명한 사람의 행동, 또는 사람들에게 충격을 주는 사건·사고, 또 세금을 받고 일하는 사람들의 일탈 등이 주요 뉴스가 됩니다. 요즘 일부 언론사는 연예인과 인플루언서의 SNS를 보고 기사를 쓰는 경우가 있는데요. 사실 이건 뉴스의 가치와는 별로 상관이 없습니다.

그리고 더 중요한 뉴스의 특징이 있습니다. 이것이 바로 뉴스인지 아닌지를 가르는 핵심인데요. 그것은 바로 뉴스는 '단계'를 거친다는 것입니다. 요즘은 유튜브에서 많은 전문가가 다양한 뉴스를 다루는데요, 유튜브와 뉴스의 핵심적인 차이가 바로 이 '단계'입니다.

뉴스는 단계를 거쳐서 보도가 되죠. 기자가 취재를 하고 기사를 쓰면, 팀장과 부장 같은 '데스크Desk'라고 불리는 사람들이 기사의 내용과 문장의 완결성을 확인합니다. 그러면 신문사의 편집국장이나 방송국의 보도국장이 최종적으로 기사 내용을 살펴보고 이 기사를 내보낼지 안 내보낼지, 내보낸다면 언제 어디에 배치해 내보낼지 결정합니다. 이 '단계'를 언론사는 '게이트키핑'이라고 부르죠.

이 '단계'는 매우 중요합니다. 하나의 뉴스가 대중들 앞에 공표되었다는 것은 복수의 사람들, 그러니까 두 명 이상의 사람들이 그 정보를 검증했다는 의미가 됩니다. 이것이 매우 중요한 이유는, 이 검증이 정보를 유통하는 뉴스 플랫폼의 신뢰성과 공정성을 담보하기 때문입니다. 그래서 언론사인지 아닌지, 뉴스인지 아닌지를 가르는 핵심적인 기준은 바로 이 게이트키핑이 있었는지, 없었는지에 달려 있습니다.

아무래도 한 명이 검증한 정보보다는 두 명이 검증한 정보가 더 신뢰가 가죠. 두 명이 검증한 정보보다는 네 명이, 네 명이 검증한 정보보다는 열 명이 검증한 정보가 객관적이고 더 사실에 부합할 것입니다. 한 명의 기자가 작성한 글보다 여러 사람이 돌려본 글이 맞춤법도 정확하고 논리적-내용적 완성도도 높습니다. 그래서 우리 아이들이 글을 공부하는 데에도, 논술을 대비해 사고력과 논리력을 키우는 데에도 뉴스는 좋은 교재가 됩니다. 여럿이 검증한 정제된 글이기 때문이죠. 논술, 리포트, 보고서 작성을 하는 데 있어서도 뉴스는 신뢰성 있는 인용 자료가 됩니다.

그런데 현대의 뉴스는 그 의미가 조금 달라졌습니다. 뉴스의 양은 많아졌지만 게이트키핑이라는 말이 무색할 만큼 그 질이 매우 나빠졌기 때문입니다. 아이들은 살아가면서 많은 정보가 필요할 것이고, 그 정보의 상당 부분을 뉴스에 의존할 텐데, 좋은 뉴스를 찾는 것이 하늘의 별 따기가 됐습니다. 그래서 아이들이 어릴 적부터 좋은 뉴스를 구분하고 찾아보는 훈련을 한다면, 앞으로 살아가는 데 분명 큰 도움이 될 것입니다.

다시 뉴스 이야기로 돌아갑시다. 잠깐 언급했던 대로 좋은 뉴스를 찾는 것은 쉬운 일이 아닙니다. 뉴스는 '게이트키핑'이라는 절차를 거쳐 공정성과 완성도를 높이지만 게이트키핑을 했다는 이유만으로 그 정보가 100퍼센트 완벽한 정보가 되는 것은 아닙니다.

이유는 이렇습니다. 우리는 살아가면서 기자라는 직업을 가진 사람과 만날 일이 별로 없습니다. 앞서 설명한 대로 언론사와 기자는 뉴스를 찾기 위해 일반 대중보다 유명한 사람들과 더 자주 만나려 하기 때문입니다. 하지만 만약 여러분이 기자들을 만나서 여러분이 알고 있는 정보를 전달한다면, 여러분의 진의와는 상관없는 기사가 작성될 수 있다는 점을 아셔야 합니다. 기자는 주관적인 개인의 감정보다 객관적인 정보 그 자체를 전달하는 직업이지만, 기자도 그리고 기자의 기사를 검증하는 사람들도 한 명의 인간일 뿐입니다.

인간은 누구나 주관과 감정, 선입견이 있습니다. 그런 차원에서 취재와 게이트키핑이라는 절차는, 여러분 즉 제보자의 주관이 담긴 정보가 기자라는 다른 사람의 주관이 개입된 정보로 바뀌는 과정입니다. 이 과정에서 정보는 왜곡될 수 있습니다. 아무리 게이트키핑을 거쳐도 왜곡의 가능성은 존재합니다. 오히려 기자 혹은 게이트키퍼의 편견과 가치관 때문에 게이트키핑을 거듭하면서 정보가 더 왜곡될 수도 있습니다. 〈가족 오락관〉의 '고요 속의 외침'처럼 말이죠.

문제는 또 하나 있습니다. 뉴스는 '게이트키핑'이라는 기능·과정이 있기 때문에 다른 정보 전달 방식과 다르며 정보가 정제된다고 말씀드렸는데요. 그런데 오히려 게이트키핑 과정을 거쳐 정보가 정제되는 과정에서 떨어져 나간 정보가 다른 누군가에게는 더 중요한 정보가 될 수 있다는 점입니다.

쉽게 말해 언론사에는 수많은 정보가 들어오는데 그중 어떤 정보를 공개할지는 전적으로 언론사 간부들이나 기자들 마음입니다. 흔히들 언론을 '세상을 보는 창'이라고 하지만 이 말을 바꾸면 세상 사람들은 언론이 만든 창의 크기만큼만 세상을 볼 수 있다는 의미가 됩니다.

창에는 창틀이 있죠? '틀'은 영어로 '프레임Frame'입니다. 언론이 대중들에게 보여주는 창, 이것을 '프레이밍Framing'이라고 합니다. 집 밖으로 나올 수 없는 사람이 밖을 볼 수 있는 유일한 통로인 창문을 통해 잔잔한 바다를 보고 있다고 가정해봅시다. 그리고 창문의 반대편에서는 화산이 폭발하고 있다고 해보죠. 엄청나게 위험한 상황인데요. 집 안에서 프레임을 통해 세상을 보는 사람은, 잔잔한 바다에서 왜 벼락 같은 소리가 나는지 그 이유를 정확하게 알 수 없습니다.

프레이밍은 이처럼 언론사가 뉴스를 보도할 때, 특정한 목적 혹은 개인의 편견이나 성향을 바탕으로 뉴스에 포함될 정보를 취사·선택하는 과정, 그리고 이 선택된 정보가 사회 여론에 영향을 미치는 과정을 말합니다.

이제 우리 친구들과 함께 가볍게 프레이밍을 체험해볼까요? 예전에 인터넷에 '제목학원'이라는 밈Meme이 유행한 적이 있습니다. 인터넷에 올라가 있는 여러 사진에 전혀 관계없는 텍스트를 붙이는 인터넷상의 놀이문화였는데요. 재미있는 것들이 많았습니다.

처음에 아이들에게 양복을 입은 사람들이 다투는 듯한 사진을 보여줬습니다. 한 사람이 무엇인가를 외치려 하는 모습, 하지만 다른 사람의 손에 의해 입이 막히면서 할 말을 하지 못하는 듯한 모습이 담긴 사진입니다. 한눈에 봐도 심각한 상황이죠? 그런데 여기에 한 인터넷 이용자가 "선생님, 어제 56쪽이 숙제였…"이라는 제목을 답니다. 이 제목을 달고 보니, 소리치는 사람과 입을 틀어막는 사람이 친구처럼 보이기도 합니다. 같은 사진이어도 제목을 어떻게 다느냐에 따라 사진의 분위기, 사진이 전달하는 정보의 종류가 달라집니다.

하나 더 해볼까요? 강아지 한 마리가 밝은 빛이 들어오자 눈을 반 정도만 뜨는 사진입니다. 여기에는 누군가가 제목으로 "전생의 기억이 떠올랐다"라고 달아놓았네요. 사진에 어떤 제목을 달아놓느냐에 따라, 사람이 받아들이는 정보의 형태는 크게 차이가 납니다. 한 장의 사진은 사실이지만, 제목을 달아놓는 것은 사실이 아닌 인간의 해석입니다. 하지만 사람들은 사진을 보면서 인간의 해석을 읽고, 인간의 해석을 사실이라고 판단합니다.

제목학원을 봤으니, 실제로 언론사에서는 어떻게 프레이밍이 적용되는지 살펴볼까요? 언론사의 프레이밍을 극명하게 비교할 수 있는 분야는 '경제'입니다. 경제를 바라보는 관점은 개개인마다 차이가 분명하게 나기 때문입니다.

특히 최저임금 보도에서 이 관점이 분명히 드러납니다. 어떤 언론은 최저임금이 올라가야 노동자들이 임금을 많이 받고, 이들이 돈을 써서 다시 국가 경제가 살아난다고 믿습니다. 반면, 또 다른 어떤 언론은 노동자들의 임금이 너무 높으면 기업과 자영업자의 상황이 너무 안 좋아지기 때문에 지나친 임금 인상은 안 된다고 말합니다. 최저임금을 바라보는 시선의 차이가 이렇게 큰데요. 아이들에게는 〈한겨레〉와 〈한국경제〉의, 2023년 최저임금 결정 기사를 보여줬습니다. 이렇게 먼저 대비되는 기사를 하나씩 보여준 뒤 그때마다 아이들에게 두 언론사의 기사 제목에서 받은 느낌을 물었습니다.

〈한국경제〉는 해당 기사의 제목에 '내년도 최저임금 9860원, 도쿄보다 높다'라고 썼습니다. 제목만 보면 9860원으로 결정 난 최저임금이 너무 높아 보이죠?[5] 〈한겨레〉는 어떻게 제목을 달았을까요? '내년 최저임금 9860원, 2.5퍼센트 찔끔 인상'입니다.[6] 어? 〈한겨레〉를 보면 최저임금이 별로 오른 것 같지 않네요. 〈한국경제〉도 〈한겨레〉도 독자들에게 전하고 있는 정보는 '2024년도 최저임금은 9860'원이라는 것입니다. 전달하려는 메시지는 똑같죠?

하지만, 〈한국경제〉와 〈한겨레〉는 독자들이 이 정보를 바라볼 수 있는 창을 다른 곳에 냈습니다.

이 정보를 받아들이는 독자들도 개인마다 차이가 있을 것입니다. 언론이 기사를 낸다고 해서 맹목적으로 믿을 독자는 이제 많지 않습니다. 하지만 〈한국경제〉를 보는 독자들은 내년도 최저임금이 좀 많아 보일 것이고요. 〈한겨레〉를 보는 독자들은 최저임금이 좀 적다고 볼 가능성이 높습니다. 어떤 신문을 더 많이 보느냐, 독자들이 어떤 정보를 더 많이 접하느냐에 따라 여론이 만들어지고요. 이것이 또다시 정책에 반영됩니다. 그리고 정책은 우리의 삶에 많은 영향을 미치게 됩니다. 언론의 '프레이밍'이 이렇게 무섭습니다.

좋은 뉴스 찾는 법

'프레임'이 없는 뉴스는 존재하지 않습니다. 인간이 뉴스를 만드는 이상, 아니 AI가 뉴스를 만들어도 프레임은 존재합니다. 인간은 누구나 각자의 시선이 있고, 각자의 생각과 입장을 지니고 있으며 언어는 이를 반영합니다. 그렇기 때문에 인간의 언어와 문자로 이루어진 뉴스에 프레임이 있을 수밖에 없습니다.

그렇다면 좋은 뉴스를 가려볼 수 있는 방법은 애초에 존재하지 않는 것일까요? 이 이야기는 반은 맞고 반은 틀립니다. 왜냐면 프레임이 들어갔다고 해서 '나쁜 뉴스'라고 할 수는 없기 때문입니다.

만드는 사람뿐 아니라 보는 사람도 각자의 판단 기준이 다릅니다. 어떤 사람은 특정 언론의 프레임에 동의할 수 있고 어떤 사람은 동의할 수 없습니다. 최저임금 기사에서 "최저임금이 찔끔 올랐다"라는 표현이 나왔는데요. 여기에 동의하는 사람도 있고 그렇지 않은 사람도 있습니다. 동의하는 사람들에게 〈한겨레〉 뉴스는 좋은 뉴스이지만 동의하지 않는 사람들에게 이 뉴스는 나쁜 뉴스입니다.

앞으로 수많은 글을 읽고 써야 하는 아이들에게, 이 얘기는 꼭 해주셔야 합니다. 누군가에게 좋은 뉴스(글)는 누군가에게 나쁜 뉴스(글)도 될 수 있다는 점에 대해서 말입니다. 다만 뉴스나 글을 읽을 때는 항상 비판적으로 읽어야 하며 그 첫 단계가 프레임을 파악하는 것이라는 점을 강조해야 합니다.

여기서 프레임을 파악하는 가장 좋은 방법은 '단어'를 보는 것입니다. 뉴스는 단어로 구성된 문장으로 이루어져 있습니다. 여기서 어떤 단어를 쓰느냐에 따라서 뉴스의 프레임을 파악할 수 있습니다. 〈한겨레〉는 '찔끔 인상'이라는 표현으로 최저임금이 많이 오르지 않았다고 '프레이밍' 했고요. 〈한국경제〉는 '도쿄보다 높다'라는 표현으로 최저임금이 너무 많이 올랐다고 프레이밍 했습니다. 여기서 각 언론사가 이용한 핵심 단어는 '찔끔'과 '높다'입니다. 이 두 단어는 '사실'이 아니라 언론사의 '의견'입니다. '객관'이 아니라 '주관'입니다.

언론사의 기사는 정보를 가장 간단하게 압축해 전달하는 설명문 같지만, 사실 프레이밍된 논설문입니다. 그렇기 때문에 언론사의 기사를 가려보는 가장 좋은 방법은 프레이밍된 단어와 그렇지 않은 단어, 즉 사실과 의견을 분리해서 보는 것입니다. 사실과 의견을 분리할 때 가장 효율적인 도구가 바로 '단어'인 것이죠. 객관적인 단어가 아닌 주관적인 단어에 주목해야 프레임을 파악할 수 있습니다. 이렇게 하면 비판적인 글 읽기가 가능해지고, 문해력이 획기적으로 향상됩니다.

자, 아이들과 한번 게임을 해보겠습니다. 초급 단계임으로 아주 쉽습니다. 유튜브에 소개된 '사실과 의견 구분하기 퀴즈'를 아이들에게 보여줬습니다.[7]

○ 친구와 함께 박물관에 다녀왔다.

○ 박물관에는 우리 조상들의 생활 모습이 담긴 그림들이 전시되어 있었다.

○ 그림에 나타난 조상의 생활 모습이 오늘날과는 많이 다르다는 생각이 들었다.

이런 식의 퀴즈가 이어지는 영상인데요. 초등학교 저학년 학생들도 풀 수 있는 문제였기 때문에 고학년 학생들에게는 매우 쉬웠을 겁니다. 아이들 역시 한 문제도 빼놓지 않고 모두 정답을 맞췄습니다. 굳이 설명을 할 필요도 없죠? 물론 뉴스는 훨씬 복잡한 문장구조로 이루어져 있습니다. 쓰이는 단어도 훨씬 어렵죠. 뉴스는 아이들에게 친절하지 않습니다. 성인들에게도 어렵게 다가오는 경우가 많죠. 하지만 내용에 대한 이해가 잘 안 되더라도, 뉴스에 나온 문장 속 단어들이 사실과 관련된 것인지 아니면 의견과 관련된 것인지 가리는 연습을 한다면 뉴스를 훨씬 효과적으로 읽을 수 있습니다.

아이들이 만약 뉴스를 읽으면서 사실과 의견의 영역을 명확히 구분할 수 있게 된다면, 앞으로 국어·논술, 나아가 영어에서도 문맥 파악이 훨씬 용이해질 수 있습니다.

이제, 더 어려운 레벨로 가보겠습니다. 본격적으로 뉴스를 보면서 사실과 의견의 영역을 구분해보는 작업이죠. 단어를 통해 어떤 프레이밍이 작동하는지도 생각해보려 합니다. 먼저 스포츠 뉴스를 준비했습니다. 대체로 아이들이 잘 알고 있는 영역이기도 하고 크게 어려운 단어가 포함되지 않았기 때문입니다. 마침 수업을 했던 시기에 당시 메이저리거였던 류현진 선수가 부상에서 복귀해 승리를 거두었다는 뉴스가 나왔습니다.

류현진(36·토론토 블루제이스)이 느린 커브를 결정구로 삼아 미국프로야구 메이저리그(MLB) 통산 77승탑을 쌓았다. 류현진은 21일(한국시간) 미국 오하이오주 신시내티의 그레이트아메리칸볼파크에서 신시내티 레즈를 상대로 한 방문 경기에 선발 등판해 5이닝 동안 단타 4개만 허용하고 2실점(비자책점)으로 호투했다. 토론토는 10-3으로 대승했다.

홈런 5방을 터뜨린 타선의 막강한 화력을 등에 업은 류현진은 왼쪽 팔꿈치 수술 후 빅리그 복귀 네 번째 등판에서 가장 편안하게 승리를 안았다. 시즌 성적은 2승 1패, 평균자책점은 1.89다. 일주일 전 시카고 컵스를 상대로 복귀 첫 승리를 거둔 이래 2연승 행진이자 두 경기 연속 비자책점 투구다.

컵스와의 경기에서는 '전가의 보도'인 체인지업이 위력을 떨쳤다면, 이날에는 커브가 주효했다. 강속구 투수 그린의 조기 강판과 정교한 제구를 앞세운 류현진의 농익은 투구는 극명한 대조를 이뤘다.

아이들에게 워크페이퍼를 나눠주면서 사실과 의견을 구분해 적어보자고 했습니다. 초등학교 문장 수준에서는 큰 어려움을 느끼지 않던 아이들이었는데요. 쉬운 단어라고 해도 확실히 뉴스는 복잡한 문장구조를 지녔기 때문에, 기사를 분석하는 데 조금 어려움을 느끼는 듯했습니다.

워크페이퍼의 첫 번째 질문은 '이 기사의 주제는 무엇인가

뉴스에서의 사실과 의견 구분 워크페이퍼

작성 일시 : ○○○○년 ○○월 ○○일

기사 스크랩

기사의 주제	
모르는 단어	

기사 속 사실	기자의 의견

요?', 두 번째는 '이 기사에서 알 수 있는 사실', 세 번째 질문은 '기자의 의견이 들어간 단어'입니다. 다들 기사의 주제는 쉽게 파악했습니다. 물론 류현진 선수의 승리 소식이죠. 이 기사에서 알 수 있는 사실도 대체로 잘 파악했습니다. '류현진 선수가 통산 77승을 달성했다' '토론토가 10대 3으로 승리했다' '시즌 성적은 2승 1패, 평균자책점은 1.8이다' 등, 기사를 잘 관찰해서 사실관계를 잘 파악했습니다. 뉴스 기사에서 어느 정도의 사실관계만 파악할 수 있다면, 아이들이 글을 읽을 수 있는 능력은 충분히 갖췄다고 볼 수 있습니다.

그런데 기자의 의견이 들어간 영역에서는 아이들이 다소 어려움을 겪었습니다. 애매한 단어들이 많았기 때문입니다. 대부분의 아이들이 의견으로 선택한 문장은 "류현진은 왼쪽 팔꿈치 수술 후 빅리그 복귀 네 번째 등판에서 가장 편안하게 승리를 안았다"였고요. 이 중 주목했던 단어는 '가장 편안하게'의 '편안'이라는 단어였습니다. 정민이는 "농익은 투구는 극명한 대조를 이뤘다"는 문장을 꼽았는데요. '농익은'이란 단어에 눈이 간 모양입니다. 역시 사실보다는 기자의 의견이 반영된 단어입니다.

하지만 사실 해당 기사에서 기자의 의견이 들어간 단어는 훨씬 많습니다. 아이들에게 문장 하나하나를 짚으며 의견이 들어간 단어들을 찾아보도록 했더니, 이런 단어들이 시작하자마자 나왔습니다. 먼저 '커브를 결정구 삼아', 이것 역시 기자의 평가입니다. "류현진 선수, 커브가 결정구였나요?"라고 묻지 않고 기자 본인이 경기를 본 후 그 커브볼의 의미를 평가한 것입니다.

두 번째 문장의 '호투했다'는 잘 던졌다는 의미죠? 역시 기자의 판단이 들어간 단어입니다. 아이들이 골랐던 '가장 편안하게'는 물론이고요. 마지막 문단 첫 번째 문장에 있는 '전가의 보도의 체인지업이 위력을 떨쳤다면'이라는 표현도 역시 기자의 주관입니다. 정민이가 선택한 '농익은 투구'와 '극명한 대조를 이뤘다'도 기자의 주관적 표현이죠.

생각보다 기사 속에 기자의 의견이 들어간 표현이 많죠? 그런데 사실 이것은 스포츠 보도의 특성이기도 합니다. 스포츠 보도는 사실관계만 전하기엔 무척 심심한 기사입니다. 류현진 2승, 통산 77승, 신시내티에서 치러진 원정경기, 안타 4개 허용, 2실점(비자책점) 딱 이 정도죠? 류현진 선수의 승리라는 야구팬들의 가슴을 설레게 할 기사의 정보는 사실 이 정도밖에 없는 것입니다. 이런 단순한 사실관계의 나열은 팬들의 흥미와 재미를 불러일으켜야 하는 스포츠 기사의 특성과 맞지 않습니다. 그래서 대체로 스포츠 기사에는 기자의 주관적 표현이 상당히 많이 들어갑니다.

자 이번에는 나쁜 뉴스를 찾아봅시다. '좋은 뉴스를 가려볼 수 있는 왕도는 없다'고 말씀드렸지만 '나쁜 뉴스를 가려볼 수 있는 일반적인 방법'은 존재합니다. 이것은 최근 언론의 상황과 특성 때문인데요. 요즘 언론사의 기사는 신문이나 방송 같은 제한된 공간이 아니라 인터넷이라는 무제한의 공간을 통해 유통되고 소비됩니다.

신문은 24페이지, 36페이지밖에 안 되잖아요? 이 작은 공간에 최대한 많은 정보를 담아야 소비자들에게 가치가 있습니다. 이런 공간에 모두가 다 아는, 있으나 마나 한 정보를 넣을 수는 없죠. TV뉴스도 마찬가지입니다. 한 리포트당 1분 30초, 전체 뉴스 시간은 30분에서 45분 정도입니다. 여기에 연예인 인스타그램 동향을 넣을 공간은 없습니다.

그러나 인터넷은 다릅니다. 기사를 수백, 수천, 수만 개를 써도 상관없고요. 기사의 길이가 한 문장이든, 한 문단이든, 책 한 권 분량이든 상관없습니다. 그러다 보니 최근 인론사의 기사가 마구잡이로 만들어지고 있습니다. 수백 개의 미끼를 던져 놓아야 물고기가 하나라도 문다는 생각에서입니다. 이런 기사는 나쁜 기사입니다. 이런 나쁜 기사를 가리는 일반적인 방법 몇 가지를 아이들에게도 소개했습니다.

첫 번째, 나쁜 기사는 기자의 이름이 없는 경우가 많습니다. 누가 썼는지 알 수 없는 기사는 그만큼 책임도 없는 기사입니다. 두 번째, 출처가 없습니다. '알려진 바에 따르면' '한 관계자에 따

나쁜 뉴스 찾기 워크페이퍼

작성 일시 : ○○○○년 ○○월 ○○일

기사 스크랩

기사의 주제	

기사의 품질

최상	상	중	하	최하

등급의 이유	
문제가 된 문장	

르면' 같은 출처 불명의 입장이 너무 많은 기사는 신뢰성을 담보하기 어렵습니다. 세 번째, 아주 개인적이고 신변잡기적인 개인의 정보도 뉴스로서의 가치가 없습니다.

네 번째, 제목에 지나치게 자극적인 단어가 포함되어 있으면 안 좋은 뉴스입니다. 마지막으로 지나친 칭찬을 하는 기사는 정보로서의 가치가 없습니다.

'기자'라는 직업에 대해

수업을 시작할 때, '기자'라는 직업에 대한 영상을 보며 시작했는데요. 수업을 마무리하기 전에 다시 기자라는 직업으로 돌아왔습니다. 언론사의 기사도 결국 사람이 만드는 것입니다. 기사를 쓰는 사람을 기자라고 하는데, 이 기자라는 직업이 요즘 많은 사람들에게 비판을 받고 있습니다. 왜일까요? 먼저 아이들에게 보여준 영상은 YTN이 2021년 보도한 뉴스입니다. 기자를 비판하는 용어, 기자와 쓰레기를 합친 '기레기'라는 용어에 대해 대법원이 "모욕죄가 성립하지 않는다"고 판결한 내용입니다.[8]

대법원은 이 판결에서 "'기레기'라는 표현은 '모욕적'"이라고 봤지만, 이것이 "사회 상규에 위배되지 않는 행위"라고 판단했습니다. "'기레기'라는 단어가 기사와 기자의 행태를 비판하는 글에서 폭넓게 사용되고 있기 때문에 지나치게 악의적이라고 보기 어렵다"는 것입니다. 즉, 기레기라는 단어가 기분 나쁜 단어는 맞지만, 이 용어는 특정 개인에 대한 공격이 아니라 최근의 언론 행태에 대한 포괄적인 비판의 성격이 있기 때문에 특정 개인에 대한 모욕죄가 성립되기 어렵다는 판결입니다.

'기레기'뿐 아니라 각종 포털이나 언론사 홈페이지, 그 외 커뮤니티 등에서 기자들을 비판하는 글들이 많이 올라오고 있습니다. 같은 기자 입장에서 심장이 덜컥 내려앉는 글들도 많았는데요. 이런 비판이 쏟아지다 보니, 기자들의 직업 만족도가 계속 떨어지고 있습니다.

기자협회보 보도에 따르면 기자들의 직업 만족도는 빠르게 떨어지기 시작해, 지난 2019년 52퍼센트에서 2023년 39.4퍼센트까지 내려왔습니다. 사기가 저하됐다는 응답이 86.8퍼센트, 사기가 올라갔다는 응답은 1.4퍼센트였습니다. 기자들은 자신들의 일이 국민들로부터 신뢰를 받는다고 생각하지 않습니다.[8] 기자들의 사기가 떨어지고 만족도가 떨어진 가장 큰 이유는 자신들이 하는 일에 의미가 없다고 느끼기 때문인 것 같습니다. 사람들이 뉴스를 신뢰하지 않고 있고, 과거에 비해 뉴스를 잘 읽지 않기도 하고요. 취재를 하는 대상으로부터, 또 취재한 글을 게이트키핑 하는 상급자로부터, 또 출고된 기사를 읽는 독자로부터 비난받고 있기 때문입니다.

하지만 이런 변화는 언론을 둘러싼 시대와 사회, 환경의 변화 때문이기도 합니다. 디지털 시대, 사람들의 반응은 즉각적이고 광범위합니다. 과거 신문은 취재된 기사를 보도하기까지 시간이 걸렸고, 인쇄된 기사가 독자들에게 도달하기까지 시간이 걸렸으며, 독자들이 의견을 개진하기 위해서는 언론사에 편지를 보내거나 전화를 해야 하는 등 시간이 필요했습니다. 시간이 걸린다는 것은 그만큼 생각과 사고의 폭이 확장될 수 있는 가능성이 더 높다는 것이죠.

그러나 지금은 기자가 취재한 기사가 게이트키핑을 채 거치기도 전에 온라인에 올라갑니다. 여러 언론사가 빠르게 취재해 기사를 쓰는 속보 경쟁을 하다 보니 벌어지는 일이지요. 현대의 독자들은 기사에 대한 자신의 의견을 댓글을 통해 쉽게 표출할 수 있고, 이러한 즉각적인 반응은 종종 감정적인 반응으로 이어집니다.

아이들에게 기자라는 직업에 대해 부정적인 인식을 주기 위해 이런 뉴스를 보여준 것은 아닙니다. 기자라는 직업이 가지고 있는 소명이 분명 있습니다. 언론사별로 관심사나 관점이 다를 수 있지만, 그럼에도 불구하고 일반인이 접근하기 어려운 정보를 취득해 최대한 사실에 가까운 형태로 전달해야 한다는 것, 그리고 이를 위해 기자들은 어디든 가고, 무엇이든 쓴다는 점입니다.

뉴스 만들어보기

문해력을 키우기 위해서는 문장 속 정보와 정보의 맥락을 파악하는 훈련이 필요합니다. 뉴스는 정보를 효과적으로 전달하기 위해 작성된 문장들이기 때문에 앞서 언급한 바대로 좋은 교재가 됩니다. 그렇다면 뉴스를 분석해서 읽는 가장 빠르고 좋은 방법은 무엇일까요? 바로 뉴스를 만들어보는 것입니다. 뉴스를 만들어보면서 뉴스가 어떤 문장으로 구성돼 있는지 자세히 살펴볼 수 있고요, 직접 뉴스를 만들어보면서 왜 그런 문장으로 뉴스가 구성될 수밖에 없는지 알게 됩니다.

다음 시간에 바로 뉴스를 만들어볼 수 있도록 아이들에게 처음으로 예습문제를 내주었습니다. 뉴스의 주제를 먼저 알려준 것인데요. 아이들이 쉽게 정보를 파악할 수 있고, 정보에 대한 판단을 내릴 수 있는 주제, 바로 '우리 동네의 분리수거 실태'였습니다.

이번 수업을 진행하면서 아쉬웠던 점은 역시 시간이었습니다. 시간이 충분했다면, 기사 속 문장을 두고 난이도를 달리하면서 사실 및 의견과 관련된 단어를 분류하는 연습을 더 했을 것 같습니다. 뉴스를 보는 데 있어 사실과 의견을 구분하는 것은 매우 중요합니다. 이에 대한 충분한 연습이 되었다면 글을 직접 쓸 때 적절한 사실(근거) 자료를 제시하고 자신의 논지를 일관되게 전달할 수 있습니다.

Class 7.

뉴스 만들어보기

정보를 직접 생산하여
논리력과 문장력 키우는 법

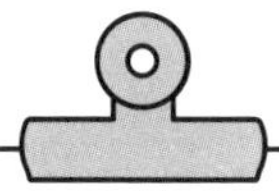

수업 목표

1. 뉴스의 구조를 파악한다.
2. 뉴스를 직접 작성해본다.
3. 뉴스 작성을 통해 두괄식 문장의 기초를 익힌다.

뉴스는 '두괄식'으로

논설문은 주제의 위치에 따라 세 가지 형태로 구분됩니다. 두괄식, 미괄식, 양괄식입니다. 뉴스는 거의 대부분 두괄식으로 쓰입니다. 정보를 전달하는 데 가장 효과적인 방식이거든요. 첫 문장부터 글의 핵심 정보 혹은 주제를 담고 있기 때문에 글의 요지가 분명하고요. 독자들도 전체적인 내용을 이해하기 쉽습니다. 그래서 논지를 분명하게 전개해야 하는 글에 널리 활용됩니다.

이번 시간에는 아이들과 직접 뉴스의 구조를 파악하고 뉴스를 작성해보는 시간입니다. 뉴스의 구조를 파악하는 가장 좋은 방법은 뉴스를 많이 보는 것입니다. 구조에 대한 정확한 이해가 없

뉴스 제작을 위해 필요한 질문

취재 내용에 대한 질문	① 분리수거장을 봤을 때 어땠어? ② '깨끗했다'/ '지저분했다'라는 판단을 했던 이유는 뭐야? ③ 왜 분리수거가 '잘 이루어진 것'/ '잘 이루어지지 않은 것' 같아?
논지 전개를 위한 글쓰기 질문	① 어떤 메시지를 담은 기사를 쓰고 싶어? ② 그렇다면 뉴스의 첫 문장은 어떻게 써야 할까? ③ 기사에는 어떤 정보를 넣을 거야?
게이트키핑 과정에서의 질문	① 혹시 분리수거가 잘 된/ 잘 안 된 부분은 없었어? ② 네가 쓴 기사를 보고, 사람들이 어떻게 생각할 것 같아? ③ 혹시 생각과 다르게 잘 안 써지는 문장이 있었어? ④ 기사에 오타는 없었어?

더라도, 뉴스는 대부분 동일한 구조로 이루어져 있기에 뉴스를 많이 보는 것 자체만으로도 두괄식 논설문의 감을 키울 수 있습니다. 그래서 요즘 많은 부모님들이 아이들에게 신문을 보는 연습을 시킵니다. 신문에는 다양한 지식-정보가 들어가 있고요. 아주 짧은 길이의 정보전달 기사(스트레이트 기사)부터 긴 길이의 기획 기사, 그리고 정보의 해석 혹은 자신의 주장을 잘 전달하기 위한 칼럼과 사설 등 다양한 형태의 글이 들어가 있습니다.

물론 신문이 아니더라도 온라인에는 수많은 뉴스가 있습니다. 그러나 포털 메인 화면에서 보는 뉴스는 비교적 짧은 시간에 만들어진, 품질이 좋지 않은 기사인 경우가 많습니다. 게이트키핑이 잘된 비교적 품질 좋은 기사를 보고 싶다면 각 언론사 홈페이지를 방문하는 것이 좋습니다. 네이버에서는 '신문보기' 탭에 있는 뉴스를 보면 보다 나은 품질의 뉴스를 접할 수 있습니다.

여기서 아이들이 보기에 크게 어렵지 않은 뉴스를 골라 정치, 경제, 사회 등의 각 섹션별로 뉴스를 출력해서 보여주셔도 좋습니다.

좋은 글, 좋은 뉴스

대부분의 아이들은 뉴스를 접할 기회가 없고, 설령 접했다

할지라도 뉴스의 구조를 생각해보며 뉴스를 읽지는 않았을 것이기 때문에 '뉴스 형태의 글쓰기'라는 것 자체가 아이들에게는 생소한 도전일 것입니다.

뉴스의 주제는 분리수거입니다. 주변에서 쉽게 볼 수 있고, 아이들 스스로 충분한 가치판단을 내릴 수 있는 주제입니다. 기사 작성에 있어 팁을 하나 드리자면, 아파트의 경우 대체로 관리를 담당해주시는 분들이 계시기 때문에 일반적으로 깔끔한 편입니다. 그래서 거주 중인 아파트 주민들이 분리수거를 제대로 하고 있는지, 하지 않고 있는지 확인하기 위해서는 일요일 밤에 살펴보는 것이 좋습니다.

자, 아이와 함께 이렇게 직접 보고 판단한 정보들로 뉴스를 만들어봅시다. 일단 가장 먼저 해야 할 것은 가치판단을 하는 것입니다. 분리수거 형태에 대한 기자 개인의 가치판단이 있어야 글의 주제를 잡을 수 있습니다. 분리수거장을 봤을 때, '깨끗하다' 혹은 '깨끗하지 않다'라는 가치판단을 내렸다면, 이 가치판단을 기준으로 기사의 주제를 잡습니다. '비교적 깨끗하다'는 가치판단을 내린 기자라면, 기사는 '○○아파트 분리수거장의 청결 상태가 비교적 양호한 것으로 드러났다'로 뉴스가 시작될 것입니다. 이 가치판단에 따라 기사 중반부터는 '플라스틱은 플라스틱대로, 유리는 유리대로 분리수거가 잘 이루어져 있었다' '분리수거장 바닥은 지저분한 곳 없이, 잘 정리돼 있었다'는 가치판단의 근거를 제시할 수 있고요. 나아가 비교적 깨끗해 보이는 분리수거장의 사진 몇 장을 찍어 붙여 넣을 수도 있습니다. 그리고 마지막으로 '최근 환경에 대한 대중들의 인식이 높아짐에 따라, 분리수거장 사용 습관도 과거와 비교해 상당히 개선된 것으로 보인다'는 식으로 기사를 마칠 수 있습니다.

반대로 생각해볼까요? 같은 분리수거장이라고 하더라도 다른 아이들은 약간 청결하지 못한 시점에 방문했을 수도 있습니다. 아니면 개인이 가지고 있는 청결에 대한 기준 자체가 높아서, 혹은 분리수거 방식에 대한 의견이 달라서 같은 분리수거장의 모습을 보면서도 청결하지 못하다고 느낄 가능성도 있습니다. 그런 경우, 기사는 '○○아파트 분리수거장의 청결 상태가 양호하지 못한 것으로 확인됐다'는 식으로 시작될 겁니다. 기사 중반에는 '버려진 배달 용기에 여전히 음식물 찌꺼기가 남아서 붙어 있었다'거나, '재활용되지 않는 제품들이 분리수거함에 버려져 있었다'는 등의 근거가 제시될 것입니다. 그리고 기사의 결론은 '과거와 비교해 분리수거 자체는 개선되었지만, 여전히 재활용이 완벽하게 이루어지지 않고 있고, 이에 대한 인식 개선이 필요하다'가 될 수 있습니다.

뉴스를 만드는 데 정답은 없습니다. 자신의 생각을 글로 표현하는 데에도 정답은 없습니다. 다만, 좋은 뉴스-좋은 글의 기준

기사 작성 워크페이퍼

기사의 제목	
기사의 주제 (첫 문장)	
기사의 근거 (본문)	
논지 전개 및 반론 (결말)	

은 있습니다. 필자의 주장이 명료하고 독자들이 읽기 쉬울 것, 그리고 주장에 대한 근거가 풍부하고 논리적 완결성을 갖출 것 등입니다. 또한 여러 아이들이 함께 같은 사안을 보고 뉴스를 작성해보면서, 하나의 정보를 바라보는 시선이 다양할 수 있다는 점도 보여줄 수 있습니다. 디지털 미디어 시대, 타인의 관점에 대한 관용과 자신을 객관적으로 돌아보는 메타 인지가 핵심 역량으로 떠올랐는데요. 뉴스 수업의 경우 개인별 수업도 큰 도움이 되지만 그런 이유로 그룹 수업도 큰 효과를 거둘 수 있다고 생각됩니다.

자, 이제 아이들이 뉴스를 어떻게 썼나 궁금하시죠? 처음에 배웠던 뉴스의 구조를 바탕으로 뉴스 양식에 맞는 워크페이퍼를 준비했습니다. 아이들에게는 첫 칸이 뉴스의 제목으로 나와 있지만, 보통 뉴스는 서두, 본문, 결말을 모두 작성하고 나서 기사에 맞는 제목을 뽑는다고 설명했고요. 그렇기 때문에 뉴스의 제목을 가장 마지막에 쓰는 것이 좋다고 설명했습니다.

먼저 아이들은 대체로 분리수거의 상태가 미흡하다고 봤습니다. 이에 따라 기사의 서두, 주제가 뽑혔는데요. 정민이는 “아파트의 분리수거함을 보았더니 분리수거가 미흡했다”고 썼고, 아윤이는 “아파트의 분리수거통 점검 결과, 분리수거 상태가 좋지 않고 미흡한 상태임이 확인됐다”고 썼습니다. 본문도 기사 서두에 맞게 근거가 잘 제시돼 있었습니다. 동하는 “플라스틱 분리수거통에 유리나 종이 같은 것들이 들어 있었다"고 했고요. 정민이는 "비닐 수거함에 종이와 플라스틱이 보이고, 플라스틱 수거함 안에는 종이와 돌, 유리 조각도 있었다"고 지적했습니다. 태희도 "제대로 세척이 안 돼 분리수거가 어려운 플라스틱이 있었다"고 봤고요. 아윤이도 "쓰레기통에 쓰레기가 넘쳐 냄새가 나거나, 쓰레기를 분류하지 않고 넣거나 내용물을 비우지 않은 경우가 있었다"고 봤습니다.

이처럼 각자의 가치판단(분리수거가 잘 안 됐다)에 맞게 자신이 수집한 근거 정보가 대체로 잘 나열돼 있었습니다. 결말은 기사보다는 논설문에 가까운 형태였는데, 이는 아이들이 기사 형태에 익숙하지 않기 때문인 것 같습니다. 사실 기사를 자연스럽게 잘 마무리하는 기술은 전문적으로 기사 형태의 글을 쓰는 기자들에게도 쉽지 않은 일입니다(그래서 대체로 기사의 결말을 요약이나 정리보다는 반론 형태로 된 추가 정보를 제시하는 방식으로 맺곤 합니다).

이번 수업에서 눈에 띄었던 친구는 아윤이였습니다. 아윤이는 기사의 완결성을 어느 정도 갖춘 글을 썼습니다. 일반적으로 기사에 자주 쓰이는 단어와 어휘가 많이 포함되어 있었는데요, 물어보니 아윤이는 종종 기사를 읽는다고 합니다. 아윤이의 기사를 보여드리겠습니다.

○○아파트의 분리수거 동 점검 결과, 분리수거가 좋지 않고 미흡한 상태임이 확인됐다.
○○아파트 곳곳 분리수거장을 살펴본 결과, 쓰레기통에 쓰레기가 넘쳐 냄새가 나거나, 쓰레기를 분류하지 않고 넣거나 물건에 내용물을 비우지 않는 경우도 많았다.
쓰레기를 매주 버리러 오는 주민들은 불쾌감과 불편함을 겪은 채로 집으로 돌아간 적이 한두 번이 아니라고 한다.
○○아파트 쓰레기 분리수거장의 환경이 미흡한 상태임으로 주민들에게 분리수거 방법 안내방송을 하거나 강력 CCTV를 설치해야 할 것으로 보인다.

꽤 그럴싸한 기사처럼 보이죠? 아이들 모두 처음 작성한 뉴스 기사였는데요. 양식에 맞춰 잘 기술해줬습니다. 아이들은 이해가 빠르기 때문에, 더 많은 시간이 있었다면 더 많은 정보와 자료를 취합할 수 있었을 것이고, 이를 바탕으로 자신의 논지에 맞는, 더 풍부하고 좋은 기사를 작성할 수도 있었을 것입니다.

게이트키핑이란

글을 쓰는 것보다 어려운 건 글을 고치는 일입니다. 퇴고推敲

라고 하죠. 언론사는 이 과정이 꽤 철저합니다. 그래서 많은 사람들이 뉴스를 믿고 신뢰합니다. 단 한 사람이 만들어낸 정보보다는 여러 사람이 함께 만든 정보가 정확하고, 글도 여러 명이 개입한 글이 완성도가 더 높기 때문이죠. 앞 장에서도 살펴 보았듯이 뉴스는 이 과정을 '게이트키핑'이라 부르고요. 이 게이트키핑이 바로 언론사의 핵심 기능입니다. 그러나 최근 인터넷 시대에 접어들면서 언론사의 게이트키핑이 기능적인 의미에서 많이 붕괴되었습니다. 또한 언론의 편파성이 사회적 문제가 되면서 게이트키핑이 정보를 검증하는 과정이 아니라, 오히려 정보를 왜곡하는 과정이 되었다는 비판을 많이 받고 있습니다. 하지만 그럼에도 불구하고 탈진실Post-Truth 시대에 언론의 게이트키핑 역할은 정말 중요합니다. 물론 아이들의 기사를 기자들의 기사처럼 강도 높게 게이트키핑할 수는 없습니다. 아이들의 기사를 불특정 대중에게 배포하는 건 아니니까요. 하지만, 게이트키핑 과정 그 자체는 아이들의 글쓰기 실력을 크게 키울 수 있습니다. 게이트키핑 과정을 통해 논리와 문장을 정돈할 기회를 가질 수 있기 때문입니다.

게이트키핑 과정은 크게 두 개로 나뉩니다. 첫 번째는 정보에 대한 점검, 두 번째는 문장에 대한 점검입니다. 아이들의 기사를 보고 아래와 같은 질문을 던져봅시다.

정보에 대한 점검

① 판단의 근거는 무엇인가?

- 분리수거장이 청결하지 않다고 생각한 근거는 무엇인가?

② 다른 판단은 할 수 없었는가?

- 청결하다고 느낄 여지는 없었는가?

③ 다른 판단과 관련된 정보를 배제한 이유는 무엇인가?

- 분리수거장이 깨끗하다고 판단할 수 있는 정보는 왜 제외했는가?

문장에 대한 점검

① 기사의 형식에 맞게 글이 구성되었는가?

- 기사의 서두, 본문, 결말에 맞게 구성되었는가?

② 비문-오탈자는 없는가?

③ 글의 논지가 일관되고, 독자가 읽기 편한가?

아이들이 쓴 기사를 바탕으로 이런 질문을 던지고 문장을 하나하나 꼼꼼히 체크해야 합니다. 여기서 꼭 유념하셔야 할 부분이 있습니다. 어른이 아이들의 문장과 논리를 고쳐주는 과정이 아니라 아이들이 스스로 왜 그렇게 기사를 작성했고, 왜 자신의 글과 논리가 부자연스러운지 생각할 수 있도록 유도하는 과정이 되어야 한다는 것입니다.

언론사의 게이트키핑 과정은 보통 선배들이 후배들을 혼내는 과정이 되는데요. 아이들에게는 절대 그렇게 해서는 안 됩니다. 자신이 한 번 쓴 글을 되짚고 곱씹어보는 과정은 아이들의 문해력에 큰 도움이 됩니다. 부모님은 옆에서 질문을 던지고, 아이들의 답변이 어른의 관점에서 만족스럽지 않더라도 아이들의 생각을 온전히 인정해줘야 합니다. 문장이 완벽하고 말끔한지는 지금의 아이들에게 중요하지 않습니다. 문장이 매끄럽지 않더라도 계속 고쳐보고 바꿔보면서 문해력을 기르는 것이 중요합니다.

Class 8.

종합 리터러시

멀티미디어를 활용한
마인드맵, 논설문 만들어보기

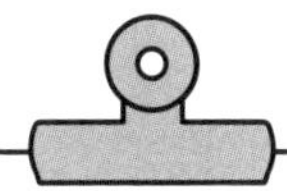

수업 목표

1. 다양한 매체를 활용해 정보를 수집한다.
2. 수집된 정보를 바탕으로 논설문을 작성한다.
3. 논설문을 점검하고, 제목(카피)을 뽑아본다.

멀티미디어를 활용한 종합 리터러시

앞서 말씀드린 바와 같이 우리가 사는 세상에서는 멀티미디어 활용 역량이 매우 중요합니다. 다양한 미디어를 활용해 정보를 취득하고, 그 정보를 적극 활용하고 이를 넘어 정보를 만들 수 있어야 합니다. 예전처럼 제한된 정보만을 가지고 수동적으로 살 수 있는 세상이 아닙니다. 유튜브, SNS에는 세상의 온갖 정보가 쏟아지고 있습니다. 그것도 진짜인지 가짜인지 판별할 수 없을 만큼 빠른 속도로, 대량으로 쏟아지고 있습니다. 이런 세상에서는 정보 선별은커녕 정신을 차리는 것조차 쉽지 않습니다. 아이들뿐 아니라 어른들도 마찬가지입니다. 휴대폰을 보고 있으면 생각하는 능력이 사라집니다. 더 자극적인 도파민만 찾아다니게 되고, 뇌는 강력한 자극에만 반응하는 팝콘이 됩니다.

이것은 휴대폰을 멀리 한다고, 와이파이를 끊어버린다고, 스마트폰 디톡스를 한다고 해결될 수 있는 문제가 아닙니다. 온 세상이 손안의 휴대전화를 중심으로 돌아가고 있습니다. 뉴스도 휴대폰으로 읽고, 공부도 태블릿으로 합니다. 친구 관계도 스마트폰을 중심으로 이루어지고 있습니다. 우리 아이만 안 할 수는 없는 노릇입니다.

그렇다면, 방법은 하나입니다. '잘' 활용하는 것이죠. 아이 손에서 스마트폰을 빼앗고 책을 억지로 쥐여주는 것이 아니라, 스마트폰을 통해 자극받은 호기심을 책과 신문 등 다양한 미디어를 활용해 충족하도록 가르쳐야 합니다. 자극적인 스마트폰은 생각하는 능력을 없애버릴 수도 있지만, 지적 호기심을 더 강하게 자극할 수도 있습니다.

그동안 각 미디어와 해당 미디어의 정보 전달 방식의 특징을 배워왔는데요. 이제는 몇 가지 예로 스마트폰 안팎의 모든 미디어를 활용한 리터러시 수업 예시를 제시해볼까 합니다. 이 예시는 '방식'에 대한 것이기 때문에 주제가 꼭 같지 않아도 됩니다. 그보다는 아이들이 관심 있는 분야를 잘 살피고, 그 분야를 확장해 나가는 것이 아이들의 리터러시 수업에 도움이 됩니다. 이것이 익숙해지면 스마트폰을 이용해 문해력을 신장시킬 수 있습니다.

예시① 기후 변화

기후 변화는 아이들이 매우 관심 있어 하는 주제입니다. 아이들이 걱정을 많이 하는 주제이기도 하지요. '그레타 툰베리'는 환경문제에 대한 관심으로 아주 어린 나이에 세계를 이끌어갈 리더 중 한 명으로 꼽혔습니다.

먼저, 유튜브를 통해 기후 변화와 관련된 영상을 보여줍니다. 첫 영상은 길지 않아야 하고요. 기후 변화의 현장을 생동감 있게 보여주는 영상이어야 합니다. 아이들은 짧은 영상에 익숙해져 있기 때문에 3분 이상의 영상은 효과적이지 않습니다. 그래서 예시로 보여주기에 가장 좋은 영상은 방송사가 만든 뉴스입니다. 뉴스는 기후 변화의 현상을 잘 보여주는 영상 위주로 구성돼 있고, 대부분 1분 30초의 짧은 영상으로 이루어져 있기 때문에 좋은 교재가 됩니다. 아이들이 뉴스를 친숙하게 접할 수 있는 계기도 될 수 있습니다.

영상을 시청한 뒤 아이들이 생각해볼 수 있도록 질문을 던져야 합니다.

① 영상을 봤을 때 어떤 기분이 들었어?

② 날씨가 이상하다거나, 지구가 심상치 않다는 느낌을 받은 적이 있어?

③ 왜 이런 일이 벌어지는 것 같아?

이번에는 기후 변화와 관련된 텍스트 뉴스를 보여줍니다. 네이버 검색에서 호주 산불이나 미국 강추위, 펭귄 떼죽음 등의 키워드로 뉴스를 검색한 후, 아이들에게는(가급적 출력을 해서) 보여줍니다. 뉴스가 워낙 많기 때문에 좋은 뉴스를 고르기가 쉽지 않은데요. 뉴스를 검색한 뒤 네이버 뉴스 검색 옵션에서 '지면기사'를 선택해 적용시키면, 좋은 기사를 만날 확률이 더 높습니다. 출력할 때는 페이지 그대로 출력하지 말고, 할 수 있다면 신문지면 모양 그대로, 그것이 어렵다면 텍스트만 복사 붙여넣기로 인쇄해 보여주시는 것이 좋습니다. 화면을 그대로 출력하면 온갖 그림과 광고가 함께 인쇄되기 때문에 아이들이 온전히 글에 집중하기 어렵습니다. 텍스트만 복사해서 붙여 넣으면, 집중도 잘 되고요. 또 지면 기사는 기사의 길이 자체가 그렇게 길지 않기 때문에, 아이들이 읽기에도 부담이 없습니다(종이를 아낄 수도 있습니다).

뉴스를 읽고 나면 먼저 간단한 워크페이퍼를 써봅니다. 방금 읽은 짧은 글을 요약하고 정리함으로써 독해력을 키웁니다. 제목

뉴스 읽기 워크페이퍼

작성 일시 : ○○○○년 ○○월 ○○일

기사 스크랩

기사 제목	
기사 요약	
모르는 단어	
새롭게 알게 된 정보	

은 뉴스의 제목 그대로 쓰고, 뉴스 요약을 통해 뉴스의 핵심 내용을 길지 않게 적어봅니다. 이를 통해 뉴스, 나아가 두괄식 논설문의 구조를 파악할 수 있습니다. 앞서 설명한 것처럼 뉴스의 핵심 내용은 대체로 맨 앞에 나오기 때문입니다. 또한 뉴스 속 모르는 단어를 적고 확인해봅니다. 이렇게 어휘력을 키우는 거지요. 이런 뉴스 리터러시 자료가 쌓이면 모르는 단어를 한 번에 정리해 시사 어휘, 뉴스 어휘를 묶어 다시 공부해 보거나 퀴즈 게임을 할 수도 있습니다.

자, 이제 아이들이 본격적으로 기후 변화에 대해 생각해볼 수 있는 시간을 갖습니다. 이 과정을 거쳐 아이들이 직접 기후 변화에 대한 기사를 써보는 시간까지 나아갈 것입니다. 먼저 기사를 쓰기 위해서는 무엇에 대한 기사를 쓸 것인지를 정해야 합니다. 이전 기사 쓰기 실습을 통해 해본 것이죠? 주제는 다양합니다. 기후 변화의 원인에 대한 기사일 수도 있고요. 기후 변화에 따른 미래에 대한 기사일 수도 있습니다. 아이의 선택에 따라 얼마든지 달라질 수 있습니다.

여기서는 기후 변화의 원인에 대한 기사를 쓰기로 결정했다고 가정해봅시다. 그럼 기후 변화의 원인으로 무엇을 지목할 것인지, 즉 글의 주제를 결정해야 합니다. 기후 변화의 원인에는 여러 가지가 있죠? 화석 원료가 원인일 수도 있고요. 개인의 낭비 습관이 원인일 수도 있습니다. 아이들이 이 수많은 원인 중 쓰고 싶은 하나의 원인을 선택하게 해보세요. 만약 이 과정이 어렵다면, '마인드맵'을 구성하는 것이 큰 도움이 됩니다.

'마인드맵'을 구성하는 방법은 다음과 같습니다. '기후 변화'라는 키워드를 가운데에 놓고 생각나는 대로 다음 단어들을 줄로 이어가는 거죠. 기후 변화에서 지구 온난화, 그리고 녹고 있는 빙하, 해수면 상승, 저지대 침수 등등 뉴스에서 사용된 용어와 단어들을 망라하고, 이를 하나의 선으로 연결합니다. 마인드맵은 자유롭게 아이디어를 확장하며 창의성을 높이는 방법입니다. 정보를 시각적으로 표현하기 때문에 기억력과 이해도도 높일 수 있습니다. 이를 통해 글의 논리 구조를 견고하게 만들어낼 수도 있죠.

앞선 예시 그대로, 아이가 '기후 변화' → '지구 온난화' → '녹고 있는 빙하' → '해수면 상승' → '저지대 침수' 순으로 마인드맵을 그렸다고 가정해봅시다. 아이는 기후 변화로 지구의 기온이 올라가고, 이로 인해 빙하가 녹아 빙하의 면적이 빠르게 줄어들고 있으며, 그 결과 지구 전체의 해수면이 상승하고, 이로 인해 고도가 낮은 일부 섬 국가의 면적이 줄고 대도시의 해안선까지 침수될 위협에 처해 있다는 내용의, 사건의 경과를 나타내는 식으로 마인드맵을 구성했습니다. 이제 이를 바탕으로 기사를 써볼 건데요, 먼저 해야 할 일은 기사를 쓰기 위한 정보 수집입니다. 긴 호흡의 글을 쓰기 위해서는 배경 정보, 관련 정보 수집이 필수입니다. 기사뿐 아니라 어떤 글을 쓰던 배경 정보는 꼭 필요합니다.

앞서 보여준 영상과 기사는 압축된 내용입니다. 관련된 정보를 충분히 수집하기 위해 아이와 함께 스마트폰, 혹은 태블릿으로 유튜브를 검색합니다. 검색어는 마인드맵에 있는 그대로 들어가면 됩니다. '해수면 상승'라고 검색해도 관련 영상들이 쏟아지는데요. 국내외 공영방송이나 그린피스 같은 환경단체에서 제작한 영상들도 있습니다. 이 중 최소 10분, 최대 1시간 정도의, 이번에는 짧지 않은 길이의 영상을 보게 합니다. 같은 방식으로 저지대 침수 등에 대한 영상도 찾아봅시다. 뉴스도 좋고, 환경 관련 다큐멘터리나 환경부 등 정부 기관이 제작한 영상도 좋습니다. 조금 더 장기적으로 이 문제에 접근해보고 싶다면 환경 문제를 다룬 시리즈 다큐멘터리나 책을 읽어보는 것도 좋습니다.

자, 이제 영상을 보고 아이와 함께 질문지를 만듭니다. 아이에게 영상에서의 중요한 내용을 적거나 체크하게 한 뒤, 체크한 내용을 바탕으로 질문지를 만들고, 질문에 맞는 답을 포털 뉴스 검색이나 인공지능을 통해 확인하게 합니다.

그다음으로 본격적으로 글을 써보도록 합니다. 앞선 시간에 했던 기사 쓰기 형식으로, 주요 논지를 앞에 전개하고 보조 정보를 뒤에 풀어내야 합니다. 하지만 이것이 말처럼 쉽지는 않을 것

정보 수집 워크페이퍼 1

작성 일시 : ○○○○년 ○○월 ○○일

최근 100년간 지구의 온도는 얼마나 상승했는가?	
전 세계 빙하의 면적은 얼마나 줄었는가?	
빙하가 녹는 속도는 얼마나 빨라졌는가?	
해수면이 높아지면 어떤 결과가 빚어지는가?	
몰디브 등 저지대 섬국가는 어떤 대책을 세우고 있나?	
지구 온난화를 멈추기 위해 어떤 노력이 필요한가?	

입니다. 논지를 전개하는 게, 초등학생 아이들에게는 쉽지 않기 때문입니다. 사실 초등학생뿐 아니라 기자들이 기사를 쓸 때 가장 어려워하는 것도 바로 첫 문장입니다. 그럴 때는 앞서 사용한 기사 형식의 워크페이퍼를 써보세요.

이 워크페이퍼를 바탕으로 이제 기사를 직접 써보도록 합니다. 기사를 모두 쓴 후 제목을 달고요. 기사에 맞는 사진도 골라봅니다.

이번에는 이 기사를 바탕으로 카드뉴스도 만들어봅니다. 유튜브 콘텐츠를 만들어보는 연습이 가장 좋지만, 유튜브에 비해 카드뉴스 제작이 더 쉽고요. 카드뉴스를 빠르게 넘기면 유튜브로 활용할 수도 있습니다. 카드뉴스를 만드는 핵심은 문단을 하나의 문장으로 압축하는 기술입니다. 또한 스토리텔링 능력이 요구됩니다. 어울리는 사진을 고르고, '그린란드의 빙하가 빠르게 녹고 있다' '아름다운 휴양지 몰디브가 잠길 위기에 처해 있다' '뉴욕 등 해안가 도시들에도 기후 변화는 현재의 문제가 됐다'는 식으로 한 장 한 장 카드를 만들어봅니다. '칸바Canva' 등 무료 디자인툴을 이용하면 쉽게 카드뉴스를 만들 수 있습니다.

여러 디바이스, 플랫폼을 이용해 정보를 수집하고 기사와 카드뉴스 혹은 유튜브 콘텐츠까지 만들어보는 데 사실 적지 않은 시간이 걸릴 텐데요. 한 달에 한 번씩 결과물을 만들어본다는 목표

기사 작성 워크페이퍼 1

기사의 제목	"기후 변화, 우리가 사는 곳도 위험하다"
기사의 주제	**(첫 문장)** 기후 변화로 지구의 온도가 상승하며, 극지방 빙하가 빠르게 녹고 있다. 이로 인해 해수면이 상승하며 일부 저지대 국가들이 생존의 위협에 처했다.
기사의 근거	**(본문)** 북극의 빙하는 최근 빠르게 녹고 있다. 미 항공우주국(NASA)은 북극 인근 그린란드의 빙하가 지금까지 알려졌던 5조톤보다 1조톤이 더 녹았다고 밝혔다. 2003년 이후 그린란드에서는 매년 약 2600억 톤에 달하는 양의 빙하가 녹아 없어졌는데, 이는 시간당 평균 3000만 톤에 이른다. 기후 과학자들은 현재 지구 온도가 산업화 이전보다 1.2도 오른 수준으로, 수년 내 1.5도 수준까지 오를 수 있다고 전망한다. 이로 인해 투발루, 몰디브, 키리바시 등 저지대 국가들은 침수 위기에 처해있다. 해수면이 1미터가량 상승할 경우 몰디브는 지구에서 자취를 감출 것으로 보이고, 4억 명의 인구가 생존 위협을 겪게 된다. 그뿐 아니라 식량 재배 면적이 줄고 해양 생태계에도 영향을 미쳐 인류 전체에 큰 위협이 될 수밖에 없다.
논지 전개 및 반론	**(결말)** 지구 온난화는 미래의 문제가 아니라 현재의 문제이다. 이를 해결하기 위해 지구 온난화를 제어하고 빙하의 녹는 속도를 줄이는 것이 필수적이다. 국제적인 협력과 지속적인 환경 보호 노력이 필요하며, 개별적인 노력과 대책도 중요하다.

로 가다 보면, 연말쯤 결과물들을 모아놓았을 때 꽤 그럴듯한 작품이 만들어질 수도 있습니다.

예시② 인공지능

하나만 더 해보겠습니다. 이번에는 인공지능입니다. 기술의 변화 역시 아이들에게 관심이 많은 주제입니다. 심지어 최근의 인공지능 기술은 단순한 기술의 변화 수준을 넘어 공상과학 수준에 이르렀기 때문에 아이들의 호기심을 강하게 자극할 수 있습니다.

시작은 역시 기술의 발전 현장을 잘 보여줄 수 있는 영상을 보여주는 것이 좋습니다. '테슬라의 옵티머스'나 일론 머스크가 만든 뇌 스타트업 기업 뉴럴링크의 기술 등은 뉴스에 많이 나온 인공지능-생명과학 기술입니다. 그리고 최근의 각종 선거에서 벌어지고 있는 인공지능 기술에 대한 우려를 담은 뉴스를 보여주셔도 좋습니다. 1~2분 정도의 이런 뉴스들을 함께 본 후 아이에게 질문을 해봅시다.

① 영상을 봤을 때 어떤 기분이 들었어?

② 앞으로 다가올 미래에 인공지능이 어떻게 쓰일 것 같아?

③ 사람들은 왜 인공지능을 만들려고 할까?

자 이번에는 네이버 등 포털에서 AI의 현주소를 담은 뉴스를 검색해봅니다. 이것 역시 '지면검색'을 통하면 좋습니다. 그렇지 않으면 언론진흥재단이 운영하는 빅카인즈(www.kinds.or.kr)라는 홈페이지를 활용하면 좋은데요. 뉴스검색을 전문적으로 하는 포털이고, 양질의 기사들을 모아 볼 수 있어 활용도가 매우 높습니다. 아니면 유튜브에서 인공지능의 명과 암을 다룬 관련 영상을 찾아봐도 좋습니다.

여기서는 영상을 활용해보려 합니다. AI의 이로운 활용과 AI의 부작용을 다룬 영상을 번갈아 보여주는 것으로 하겠습니다. AI를 잘 활용한 예시로 여객기와 새가 부딪히는 '버드 스트라이크'를 AI로 예측한다는 내용이 담긴 영상이나, 인공지능을 활용한 의료장비 등을 검색해보시면 됩니다.

AI의 부작용을 볼 수 있는 영상은 최근 큰 논란이 되고 있는 딥페이크에 대한 것, 혹은 독도를 분쟁 지역이라고 답변한 챗GPT에 대한 것 등 인공지능의 부적절한 활용에 대한 영상을 검색해보시면 좋습니다. 그리고 아래의 워크페이퍼를 다시 작성해보도록 합시다.

여러 유튜브 내용을 종합해 워크페이퍼를 작성할 경우, 전반적인 인공지능의 장점과 단점 칸을 만들어 적어 넣어도 되는데요. 아예 사고력을 더 확장해서, 본인이 여러 뉴스의 정보를 종합

유튜브 읽기 워크페이퍼

작성 일시 : ○○○○년 ○○월 ○○일

유튜브 썸네일

유튜브 제목	
유튜브 내용 요약	
모르는 단어	
새롭게 알게 된 정보	

해 하나의 결론을 도출하는 식으로 워크페이퍼를 만들어도 좋습니다. 그리고 이 장단점을 기반으로 '인공지능 기술을 어떻게 활용해야 할까?'를 주제로 글을 써보도록 하겠습니다.

이번에도 사고력을 확장하는 훌륭한 도구인 마인드맵을 활용합니다. 먼저 인공지능에 대한 생각을 자유롭게 마인드맵으로 풀어냅니다. 부모님들이 어떤 정보를 아이들에게 보여줬느냐에 따라 마인드맵의 결과는 달라지겠지만, 여기서는 '인공지능' '선거에 활용' '딥페이크' '가짜뉴스' '민주주의' 등의 순으로 정리했다고 가정해보겠습니다.

아이들이 정리한 마인드맵의 키워드를 바탕으로 글의 얼개를 구성하고, 풍부한 글이 구성될 수 있도록 AI가 선거에 어떻게 활용되는지에 대한 여러 언론 보도도 함께 검색하고 읽어 봅니다. 관련 뉴스는 정말 많은데요. 뉴스를 통해 여러 정보를 수집한 뒤 정보 수집 워크페이퍼에 옮겨 적어봅니다. 아이가 정보 수집 과정에 익숙해지면 굳이 질문 형식으로 워크페이퍼를 구성할 필요는 없습니다. 아이들이 자연스럽게 정보를 종류별로 분류할 수 있을 테니까요.

영상과 뉴스를 통해 모은 정보를 바탕으로 이제 기사를 작성해보도록 하겠습니다. 기사 작성이 어렵다면 역시 앞서 나온 기사 작성 워크페이퍼를 통해 기사를 작성해보는 것이 좋습니다.

정보 수집 워크페이퍼 2

작성 일시 : ○○○○년 ○○월 ○○일

AI가 선거에 등장한 것은 언제부터인가?	
어떤 선거에 AI가 활용되었는가?	
AI는 선거에 어떤 영향을 미칠 수 있는가?	
딥페이크 기술이 얼마나 발전했는가?	
딥페이크 제작물을 확인할 수 있는 방법은?	
선거에 가짜뉴스가 활용되면 어떤 결과가 벌어지는가?	

기사 작성 워크페이퍼 2

기사의 제목	"민주주의를 위협하는 인공지능은 규제해야"
기사의 주제	**(첫 문장)** 인공지능 기술이 발달하면서, 구별하기 어려운 가짜뉴스, 딥페이크가 빠르게 확산되고 있다. 이 가짜뉴스가 선거에 영향을 미치며 민주주의를 위협하고 있다.
기사의 근거	**(본문)** 최근 조 바이든 미국 대통령의 목소리를 그대로 흉내 낸 가짜뉴스가 미국 유권자들 사이에서 확산됐다. 이 목소리는 바이든 대통령의 목소리를 학습한 인공지능을 통해 만들어진 것으로 알려졌다. 바이든 대통령이 하지도 않은 막말이 유포된다거나 트럼프 전 대통령이 체포되는 사진이 만들어지기도 했다.
논지 전개 및 반론	**(결말)** 선거에 딥페이크가 영향을 미치지 못하도록 규제해야 한다는 목소리가 힘을 얻고 있다.

활동을 통해 아이가 인공지능에 대해 큰 관심을 보인다면 헨리 키신저, 에릭 슈밋이 쓴 《AI 이후의 세계》나 유발 하라리가 쓴 《호모 데우스》 등 두껍고 어려운 책까지 함께 나아갈 수 있습니다. 머리말 정도만 읽어도 아이들의 AI에 대한 사고력 확장에 큰 도움이 될 수 있고요. 아이들의 지적 호기심을 자극할 수 있습니다.

환경과 인공지능만 생각해도 다룰 수 있는 주제는 무궁무진합니다. 또 과거와 달리 인터넷, 스마트폰 세상에서는 정보의 종류에 제한이 없습니다. 과거처럼 전과나 백과사전에 있는 내용만 다룰 필요도 없고요. 아침에 배달 오는 신문만 펼쳐놓고 신문 속에서만 사고할 필요도 없습니다. 스마트폰은 우리 아이들에게 위협이지만, 다른 한편으로는 우리 아이들에게 엄청난 기회를 제공하기도 합니다.

아이의 관심사에 따라 매주 재미있는 뉴스 한 개를 골라 주제를 선정하거나, 유튜브에서 본 인상적인 주제의 영상을 바탕으로 해볼 수도 있습니다.

Class 9.

온라인의 위협

디지털 세계에서
우리 아이들을 지키는 법

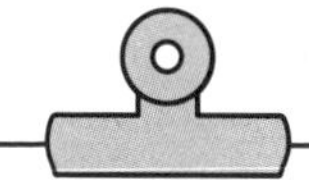

수업 목표

1. 온라인상 위협의 종류를 알아본다.
2. 온라인 속 위협에 대한 대처 방법을 파악한다.

온라인상의 위협

스마트폰 안의 세상에서는 모두가 연결돼 있습니다. 누구나 스마트폰 하나씩은 들고 있고, 스마트폰만 들고 있으면 누구와도 교류할 수 있습니다. 문제는 '세상에는 좋은 사람만 존재하지 않는다'는 것입니다. 초연결사회에서는 아주 나쁜 누군가가, 우리 아이들이 걸려들기만을 기다리며 스마트폰 너머에 있을 수도 있습니다.

아이들은 스마트폰과 뗄 수 없는 삶을 살고 있고, 스마트폰을 접하는 연령 또한 점점 낮아지고 있습니다. 그만큼 아이들이 스마트폰의 위협에 노출되기 쉽습니다. 옛날엔 아이들이 집 밖에

온라인상의 위협에 대한 질문

친밀한 접근	① 혹시 스마트폰을 이용한 범죄에 대해 들어본 적이 있어? ② 친구들 사이에서 스마트폰 범죄 사례에 대해 얘기를 나눈 적이 있어?
사이버불링	① 친구들과 톡을 하면서 별것 아닌 일이었는데 오해가 커진 적이 있어? ② 그런 오해가 벌어졌을 때, 어떻게 해야 할까? ③ 실제로 사이버불링을 당하면, 어떤 마음 일 것 같아?
가스라이팅	① 온라인상에서 어른과 대화를 나눈 적이 있어? ② 왜 이상한 어른들은 아이들과 대화를 하려고 할까? ③ 이상한 어른들이 대화나 사진을 요구하면 어떻게 해야 할까?
미디어 권리	① 미디어 교육을 받아봤어? 왜 필요한 것 같아? ② 청소년이 미디어에서 누릴 수 있는 권리는 무엇이 있을까? ③ 어떤 종류의 미디어 콘텐츠에 대한 접근이 허용되어야 할까?

만 나가지 않으면 범죄와 같은 큰 위협에 부딪히는 일이 적었지만 최근에는 집 안에만 있어도 범죄에 노출될 수 있습니다. 그래서 아이들과 미디어 수업을 할 때, 온라인상의 위협에 대한 이야기를 반드시 포함시켜야 합니다. 위협의 종류와 실체를 알지 못하거나 대응 방법을 알지 못하면 스마트폰을 활용하는 것 자체가 위험한 일입니다. 그래서 집에서 리터러시 수업을 할 때도 이 수업은 반드시 하셔야 합니다. 어떤 위협이든 아는 것과 모르는 것은 하늘과 땅 차이입니다.

친구도 때로는 위협이 된다

우리의 학창시절, 학교에서 만나는 친구들은 어떤 존재였나요? 매일 학교에서 보는데도 반갑고, 주말까지 만나서 웃고 떠들던 즐거운 추억들이 많을 겁니다. 가족들이 채우지 못한 많은 부분을 친구 관계로 채우곤 했죠. 요즘 아이들도 마찬가지일 겁니다. 친구는 매우 소중한 관계죠.

그런데 우리가 어릴 때 겪었던 친구 관계와 우리 아이들이 지금 겪고 있는 친구 관계에 커다란 차이점이 하나 있습니다. 우리는 학교 끝나고 집에 들어오면 친구들과의 대화가 단절됐습니다. 핸드폰이 없었으니까요. 하교 이후 친구와 놀고 싶다면 친구

집에 놀러 가거나, 우리 집에 초대하거나, 친구 집에 전화를 걸어야 했습니다. 아무래도 집 전화나 공중전화는 여러 제약이 있었기 때문에 전화를 한다고 해도 친구랑 오래 대화하기는 어려웠죠. 그런데 요즘은 다릅니다. 하교 이후에도 친구와 계속 대화하고 싶다면 언제든 할 수 있습니다. 친구들과 '톡'을 하면 되거든요. 부모님 눈치 안 보고 전화도 할 수 있습니다. 24시간, 365일 얼굴을 보지 않더라도 정서적으로는 친구와 계속 붙어 지낼 수 있습니다.

장점도 있고, 단점도 있죠. 친구들 간의 우정이 더 깊어지고 사이가 더 좋아질 수도 있습니다. 하지만 어떨 때는 이 끊임없는 접촉이 오히려 독이 될 때도 있습니다. 친구와는 사이좋을 때가 대부분이지만, 가끔 감정적으로 충돌할 때도 있습니다. 자연스러운 일이죠. 사춘기 때는 더합니다. 옛날에는 이럴 때 잠시 감정의 냉각기를 가질 시간이 있었습니다. 하교하면 어쩔 수 없이 친구와 대화하기 어려워지니까요. 하지만 지금은 불같은 감정이 톡을 통해 쉴 새 없이 쏟아질 수 있습니다.

그리고 어떤 아이들은 온라인을 통해 폭력을 자행하기도 합니다. 폭력은 과거에도 있었죠. 옛날에도 학교 폭력과 왕따는 커다란 사회 문제였습니다. 다만 그때 피해자들은 학교 수업을 마치면 집이라는 안전한 공간으로 대피할 수 있었습니다. 그런데 온라인에서는 피해 학생이 어디로도 도망칠 공간이 없습니다. 괴롭힘이 24시간 365일 이어질 수도 있습니다. 이걸 '사이버불링Cyberbullying'이라 부릅니다. 카톡이든, 이메일이든, SNS든 온라인에서 특정인을 집요하게 괴롭히는 범죄 유형입니다. 양상이 다양한데요. 지금까지 알려진 괴롭힘의 방식은 '방폭' '떼카' '카톡 감옥' '와이파이 셔틀' 등이 있습니다.

방폭은 피해자를 카톡방에 초청한 뒤, 모두가 나가는 방식입니다. 피해자가 지독한 소외감, 모멸감을 느끼게 만드는 방식이죠. 떼카는 피해자를 비난하는 카톡을 수 명, 수십 명의 가해자가 쏟아내는 방식입니다. 악플과 비슷한 형태인데 당하는 경우 그야말로 '멘탈이 붕괴'됩니다. 카톡 감옥은 카톡방에서 견디지 못해 나가면, 돌아가면서 다시 초대하는 방식입니다. 예전에는 초대를 하면 당사자의 의사와 관계없이 자동으로 대화에 들어가곤 했는데, 그래도 지금은 거절할 수 있는 기능이 만들어졌고 차단도 가능합니다.

와이파이 셔틀은 피해자에게 인터넷 테더링을 연결하게 하고 여러 명이 피해자의 데이터를 사용하는 방식입니다. 우리 아이의 데이터가 무제한이라고 해서 고통스럽지 않은 것이 아닙니다. 누군가가 자신의 물건, 데이터를, 그것도 자신의 의사와는 무관하게 강제로 사용하고 있다는 그 사실만으로도 피해 학생은 상당한 모멸감을 느낄 수 있습니다. 더욱이 이런 괴롭힘이 가해자들의 의지에 따라 끊임없이 이어질 수 있으니, 피해자는 막막함과 절박함을 느끼게 됩니다.

게다가 온라인에서는 가해자가 피해자의 고통을 전달받기 어렵습니다. 온라인이건 오프라인이건 사람을 괴롭히고 폭력을 사용하는 것은 잘못된 일이지만, 대면 범죄의 경우 상대의 표정과 행동을 통해 피해자의 감정이 가해자에게 전달됩니다. 그러나 온라인에서는 상대방이 울고 있는지, 공포에 젖어 있는지 알 수 없습니다.

그래서 가해 학생들은 자신의 가해 사실을 제대로 인지조차 못하는 경우가 있습니다. 그들은 처벌을 받을 때 하나같이 "그렇게 힘들어할 줄 몰랐다"는 말을 합니다. 가해자들은 "때린 것도 아니고, 그냥 불러놓고 방만 폭파한 건데요?"라고 말합니다. 이렇게 자신이 잘못했다는 의식이 없으니 범죄는 더 잔혹해집니다. 그래서 디지털 기기를 사용할 때는 반드시 리터러시 교육이 필요합니다. 디지털 기기와 정보 전달 형식의 특징을 아이들이 알아야 합니다.

자, 그럼 우리 아이들이 이런 일을 당했을 때는 어떻게 해야 할까요? 아이들에게 반드시 해야 할 세 가지 일을 말해줬습니다. 첫 번째는 거부입니다. 작은 괴롭힘이라도 자신의 감정과 정서를 무시하고 폭력적으로 행동하는 친구가 있다면 무조건 그 행위를 거부해야 합니다. 자꾸 단톡방에 초대하면, 가기 싫으니 다시는 초대하지 말라고 분명히 말해야 합니다. “그런다고 안 괴롭히겠어?”라고 생각하시겠지만, 거부로 가해 학생들의 죄책감을 자극할 수 있고, 거부를 했다는 그 자체가 핵심적인 증거가 됩니다.

두 번째는 캡처입니다. 스마트폰을 사용한 범죄는 반드시 증거를 남기게 됩니다. 카톡방에서 벌어진 일은 그대로 화면에 기록됩니다. 그 안에서 벌어진 모든 것이 증거입니다. 그래서 일단 무조건 캡처하라는 걸 강조했습니다.

세 번째는 절대 스스로 해결하려 하지 말 것을 강조했습니다. 모든 범죄가 마찬가지지만 스스로 해결하려 하다가 2차 범죄 피해를 당하곤 합니다. 별것 아니니까 본인이 해결한다고 생각하지 말고 이런 일이 벌어졌을 때는 부모님 혹은 선생님, 믿을 수 있는 어른에게 도움을 요청할 것을 강조했습니다.

경찰에 신고하는 게 부담스럽다면 ‘117 학교 폭력 신고 전화’를 이용해도 좋습니다. 그리고 범죄 피해를 당했을 때는 주저 없이 전문 상담사나 의사를 찾아가 자신의 다친 마음을 돌보고 치료해야 합니다.

어른도 때로는 위협이 된다

이것은 실제 있었던 사건입니다. 2022년, 한 30대 남성이 랜덤 채팅 앱을 통해 10대 여학생에게 접근했습니다. 이 남성은 반복적인 대화를 통해 학생과 친밀감을 조성했고요. 이후 상황과 심리를 교묘하게 조작해 여학생이 판단력을 잃도록 만들었습니다. 남성은 학생에게 "내가 너를 가장 사랑하는 사람"이라며 "내 말만 들을"것을 강요했고, 판단력을 잃은 학생에 대한 통제력을 강화했습니다. '가스라이팅'이죠. 이후 피해 학생에게 성 착취물을 찍어 전송하도록 만들고 성관계 영상까지 촬영했습니다. 그 이후 그루밍 성폭력이 본격적으로 시작됐습니다. 이 남성은 여학생으로부터 받은 성 착취 영상을 SNS에 올렸습니다. 또 피해자가 결별을 요구하자 협박을 가하기 시작했습니다. 다행히 피해 학생이 경찰에 신고했고 이 남성은 체포됐습니다.

2023년 여성가족부의 자료에 따르면, 디지털 성범죄 피해 아동·청소년은 2020년 505명에서 2021년 1016명으로, 1년 사이에 무려 두 배 가까이 증가했습니다. 그중 디지털 성 착취물 범죄 피해자 수는 2020년 85명에서 2021년 371명으로 네 배 넘게 늘었습니다. 타인의 심리와 상황을 조작해 자신의 지배력을 강화하는 '가스라이팅', 성적 착취를 목적으로 아동·청소년에게 접근해 조종하는 '그루밍'은 범죄 피해를 직감하는 순간 이미 범죄 피해를 입었다는 말이 있을 정도로 교묘하고 악랄합니다. 2019년 세상을 떠들썩하게 했던 이른바 'n번방 사건'의 피해자 70여 명 중 16명이 미성년자였습니다.

남학생이라고 안전할 수 없습니다. 남학생들도 성인들의 범죄에 노출되곤 합니다. 게임을 통해 만난 아이를 가스라이팅 해서 돈을 요구하거나 사기를 치는 일이 벌어지고 있고요. 남학생들로부터 성 착취 동영상을 받아 협박하며 돈을 요구하는 일도 왕왕 벌어집니다.

어른들도 마찬가지지만 아이들은, 특히 온라인에서라면 대화 상대방의 의도를 정확하게 파악하기 어렵습니다. 무작정 하지 말라고 윽박지를 수도 없습니다. 익명 채팅에 참여하는 모든 사람이 범죄 의도를 가지고 있다고 말하기도 어렵고, 아이들이 정서적인 교류가 필요한 경우도 있기 때문입니다. 그렇기 때문에 채팅이나 게임을 하지 말라는 식으로 접근해봐야 아이들의 온라인 접속을 원천 차단할 수 없고 범죄 피해를 막기도 어렵습니다. 그래서 대신 아이들에게 피해 사례의 일반적인 패턴을 알려줬습니다. 그 대표적인 패턴은 바로 '개인정보 요구'입니다. 가스라이팅, 그루밍 범죄를 저지르는 범죄자들은 피해자에게 접근할 때 끊임없이 개인정보를 요구합니다. 이름, 나이, 사는 곳, 전화번호 그리고 나아가 사진을 요구하는 경우가 많습니다.

익명 채팅방에서는 개인정보 제공 요구에 대해 분명한 거절 의사를 밝혀야 하고, 특히 사진 제공은 어떤 경우에도 거절해야 한다고 말했습니다. 설령 자신의 얼굴이 나오지 않는 사진이라고 하더라도 마찬가지인데요. 사진, 특히 디지털 사진에는 생각보다 많은 정보가 들어가 있기 때문입니다. 사진 속에 거주지와 생활반경을 짐작할 수 있는 배경이 들어갈 수도 있지만, 그보다 사진 자체가 온라인으로 주고받는 디지털 파일이기 때문입니다. 파일 정보에는 사진이 찍힌 장소와 사진을 찍은 기기의 정보가 포함됩니다. 얼굴이 나오지 않더라도 사진 몇 장만 있으면, 사진을 보낸 사람의 주거지와 활동 반경, 생활수준 등을 짐작할 수 있습니다.

KBS가 만든 유튜브 채널 〈Klab〉에는 이에 대한 내용이 자세히 들어 있는데요. 'SNS에 공유한 사진, 우리 집 주소가 담겨있다?'[1]라는 제목의 영상을 아이들에게 보여주시면, 아이들이 쉽게 주고받는 사진의 위험성을 빠르게 이해할 수 있을 것입니다.

아동의 디지털 권리

미디어 리터러시 교육을 할 때 역시 빼놓지 않아야 하는 교육이 바로 자신의 디지털 권리에 대한 교육입니다. 세상은 매우 빠르게 변하고 있고 특히 디지털 세상의 변화 속도는 인간이 감당

할 수 있는 수준을 넘어섰습니다. 그러다 보니 새로운 환경에 대한 인권 의식과 법-제도가 기술 변화의 속도를 따라가지 못합니다. 그래서 온라인 환경에서 다양한 권리침해 사건이 발생합니다. 온라인도 오프라인과 마찬가지로 규칙이 필요합니다. 법과 규칙의 출발점은 권리입니다. 민주주의 국가에서는 자신의 자유를 지키기 위해서라도 타인의 권리를 침해하지 않아야 합니다.

그럼 디지털 세상에서 우리 아이들이 누려야 하는 권리가 대체 뭘까요? 이와 관련해 UN 등 국제기구에서 만든 규정들이 있습니다.[2] 그중 몇 가지를 꼽으면, 우선 인터넷 정보에 접근할 권리입니다. 부잣집 아이들만 인터넷에 접속해서는 안 되죠. 영어를 쓰는 아이들만 인터넷에 접근해서도 안 됩니다. 성별이나 인종, 장애에 따른 차별이 존재해서도 안 됩니다. 인터넷 접속 여부가 정보 격차를 결정하고, 정보 격차가 부의 격차로 이어지기 때문입니다.

프라이버시를 보호받을 권리, 자신의 사진을 온라인에서 사용할지 여부를 결정할 권리, 그리고 그에 대한 견해를 표현할 수 있는 권리도 포함됩니다. 불법-유해 정보로부터 보호받을 권리, 온라인의 모든 면에서 아동의 이익이 고려되어야 한다는 점도 권리로 규정되어 있습니다. 또 디지털 기기의 적절한 사용에 대한 교육과 가이드도 제공되어야 합니다.

알겠는데, 너무 어렵고 너무 먼 얘기 같죠? 그래서 조금 더 현실적인 이야기를 해보겠습니다. '디지털 셰어런팅Digital sharenting'이라는 말이 있습니다. 부모님들이 아이들의 사진을 SNS에 게재하는 행위를 뜻합니다. 아이들, 특히 영유아는 당연히 SNS의 기능과 역할을 충분히 알지 못하기 때문에 아동의 사진이 SNS에 올라오는 것은 전적으로 부모의 결정입니다. SNS뿐만 아니라 카카오톡 같은 온라인 메신저에 아동의 사진을 사용하는 것도 마찬가지입니다. 아이의 사진을 보고 흐뭇한 미소를 짓는 어른이 대부분이겠지만, 일부 어른들은 이 사진을 범죄에 이용하기도 합니다. 아이의 사진을 무단 도용해 광고에 활용하거나, 더 심각할 경우 신원도용 범죄에 활용하기도 합니다. 심지어 아이의 사진을 바탕으로 정보를 수집해 아이에게 직접적인 위협을 가하기도 합니다. 실제로 일본에서는 SNS 정보를 바탕으로 아동을 찾아내 납치한 일도 있었습니다.

그래서 프랑스에서는 자녀의 동의 없이 자녀의 사진을 SNS에 올릴 경우 벌금 6000만 원을 물립니다. 베트남에서도 2018년부터 관련 벌금이 5000만 동(한화 약 272만 원)까지 올라갔습니다.

물론 부모님들이 아이들에게 위해를 가하려고 아이들의 사진을 SNS에 올리는 것은 아니죠. 우리 귀여운 아이들, 누군가에게 보여주고 자랑하고 싶다는 마음이었을 것이고 그 마음은 충분히

○○○의 디지털 권리선언

하나. 내 사진은 나만 사용한다.

둘. 함께 찍은 사진을 온라인에 올릴 때는 당사자의 동의를 받아야 한다.

셋. 필요한 정보를 검색할 수 있는 디지털 기기 사용 시간을 보장해야 한다.

넷. 해킹 위협에 대응하기 위해 주기적으로 프로그램 업데이트를 해야 한다.

다섯.

여섯.

일곱.

여덟.

아홉.

열.

공감합니다. 하지만 아이들이 성장해 어른이 됐을 때, 과거에 찍힌 자신의 사진이 언제 어디서 사용될지 모른다는 공포에 휩싸일 수도 있습니다. 디지털 세상에 남겨지는 발자국Footprint은 완전히 지워지기 어렵습니다.

이런 현실적인 상황 속 디지털 권리에 대해 생각해보고, 아이들과 함께 디지털 미디어 권리선언을 한번 만들어봅시다. 디지털 미디어를 사용하면서 자신이 가지고 있는 권리가 무엇이 있는지 한번 이야기를 나눠보고 '디지털 미디어 권리선언'을 만들어보면서, 디지털 권리를 자연스럽게 배우는 시간이 마련되면 좋겠습니다.

아이들이 디지털 위협을 배우고 자신의 권리를 스스로 확인해야 자신도 모르게 온라인에서 자신의 권리가 침해되고 범죄에 이용되는 일을 막을 수 있습니다.

나가며

아이들은 틈만 나면 손에 스마트폰을 쥡니다. 사실 뭔가 대단한 걸 하는 것도 아닙니다. 유튜브를 보든 인스타그램을 하죠. 아니면 게임이나 할 것입니다. 주변 아이들은 자사고 대비반이다, 의대 입시반이다, 바빠 보이는데 우리 아이는 왜 저렇게 천하태평이죠? 아이는 나이가 들수록 핸드폰과 아예 한 몸이 됩니다. 화장실에 가서도 핸드폰을 보고 있고, 밥을 먹으면서도 핸드폰을 봅니다. TV를 보면서도 핸드폰을 하고, PC로 게임을 하면서도 핸드폰으로 다른 게임을 합니다. 이건 대체 무슨 기술일까요? 매일매일 통제하려는 부모와 벗어나려는 아이 사이에서 그야말로 전쟁이 이어집니다.

그런데 솔직히 아이만의 문제는 아닌 것 같습니다. 어른들도 손에서 핸드폰을 놓을 줄 모릅니다. 지하철을 타도 핸드폰, 엘리베이터를 타도 핸드폰, 길을 걸으면서도 핸드폰, 운전하던 차가 멈추면, 빨간불이 켜진 그 아주 잠깐 사이에도 핸드폰에 눈이 갑니다. 자극이 없는 잠깐의 시간도 견디기 어려운 것이죠. 분명 중독 증상입니다. '디톡스'가 필요합니다. 하지만 좋고 나쁨을 떠나 이미 핸드폰은 현대 사회에서 일상이 됐습니다. 그나마 우리 세대까지는 청소년기까지 핸드폰이 존재하지 않았지만, 우리 아이들은 초등학생 때부터 핸드폰을 손에 쥐고 다니는 세대가 됐습니다. 그 핸드폰이 스마트폰이 됐고, 스마트폰이 AI폰이 되어가고 있는 시대입니다. 앞으로 이 손안의 작은 기계는 우리 몸으로 더 들어오면 들어왔지, 우리 몸으로부터 더 멀어질 가능성은 제로에 가깝습니다.

걱정이 안 될 수 없지만 가만히 생각해봅시다. 우리는 아이들이 핸드폰에 빠져 바보가 되고 있다고 걱정하지만, 사실 지금 우리 아이들은 우리보다 훨씬 더 많은 정보에 아주 어릴 때부터 노출됩니다. 훨씬 더 많은 정보에 노출된다는 얘기는 바꿔 말하면 훨씬 더 많은, 다양한 기회를 접하고 있다는 뜻이 됩니다.

지금 부모님들의 어린 시절, 우리는 아이들보다 더 많은 책을 읽긴 했지만 지금의 아이들은 우리가 그 나이 때 해보지 못했던 일들을 척척 해내고 있습니다. 이제는 초등학생 아이들도 간단한 영상 정도는 찍고 편집할 수 있고, 그 아이들이 촬영한 영상이 전 세계 수십만, 심지어 수억 명의 사람들에게 노출될 수 있습니다.

아이가 손에 쥐고 있는 핸드폰은, 우리가 보기엔 그냥 게임기 같은 것이지만, 아이들에게는 세계로 나갈 수 있는 창이 될 수도 있고 새로운 도전의 기회가 될 수도 있습니다. 우리의 어린 시절 집마다 PC가 설치되기 시작했었죠? 그때도 우리의 부모님 세대는 PC를 '그냥 게임기 같은 것'으로 봤습니다. 그러나 지금 많은 우리 세대들은 PC를 해야만 직장생활을 할 수 있습니다. 아니, PC를 하지 못하면 아예 생존할 수 없는 상황입니다. 우리도 스마트폰을 버릴 수 없습니다. 스마트폰은 여가이기도 하지만 생계이기도 합니다. 아이들도 마찬가지입니다. '스마트폰 디톡스'는 필요하지만, 접근조차 막는 것이 아이들을 위한 좋은 선택은 아닙니다.

1800년대 영국의 노동자들은 방직기가 자신들의 일자리를 빼앗는다 생각해서 방직기를 부수고 불을 질렀지만, 산업혁명을 막지는 못했습니다. 챗GPT 같은 생성형 AI가 등장하자 일자리를 빼앗긴다며, 할리우드에서 강력한 파업이 발생했습니다. 하지만 이것이 'AI의 세계'로 가는 큰 발걸음을 막을 수는 없습니다. 그렇다면 잘 활용해야 합니다. 그리고 스마트폰을 잘 활용하기 위해 가장 필요한 능력은 바로 (역설적이게도) 문해력입니다. 스마트폰 속의 갖가지 정보를 읽고 쓰고 해석하는 능력이 필요합니다. 이 능력이 없다면 스마트폰을 활용하는 것이 아니라, 스마트폰의 지배를 받게 됩니다.

많은 미래 학자들은 앞으로 '정보의 격차가 부의 격차'가 될 것이라고 전망합니다. 하지만 그 정보는 '아무 정보'를 의미하지 않습니다. 우리 아이들은 스마트폰 속, 그 수많은 정보들 가운데 '질 좋은 정보'를 가려내야 하고, 해석해야 하고, 활용해야 합니다. 스마트폰을 이용한 문해력 교육이 '미디어 리터러시'의 중요한 목적 중 하나입니다. 그리고 이 미디어 리터러시는 이 시대 많은 교육자들과 학자들이 던진 중요한 화두입니다. 미국이나 여러 유럽 국가들은 이미 미디어와 네트워크를 교육하는 데 많은 관심을 기울이고 있습니다.

세상은 변했고, 스마트폰은 생활필수품이 됐으며, 모든 정보의 원천은 스마트폰에서 나옵니다. 아이들은 스마트폰 속의 정보를 단순히 받아들이는 것을 넘어 정보를 선별하고 나아가 좋은 정보를 재조합하고 창조해 사회에 유통해야 합니다. 그것이 우리의 궁극적인 수업 목표입니다.

그러나 우리나라의 리터러시 교육은 아직 첫발도 떼지 못한 수준입니다. 경제협력개발기구가 2021년 발간한 보고서에 따르면,[1] 디지털 콘텐츠에서의 사실과 의견을 식별할 수 있는 학생들의 비중이 OECD 회원국 평균 47퍼센트에 이르렀지만, 한국 학생은 25.6퍼센트에 불과했습니다. 이는 온라인에서 좋은 정보를 가리는 능력이 떨어진다는 것이고, 이 능력이 떨어진다는 것은 좋은 정보를 정리해서 재조합하는 능력이 턱없이 부족하다는 의미입니다. 스마트폰과 그 안에서 쏟아지는 정보들을 가릴 능력이 없다면, 스마트폰 속의 세상만큼 위험한 것이 없습니다. 스마트폰에는 거짓 정보가 넘실대고, 폭력이 도사리고 있습니다. 범죄는 갈수록 교묘해집니다. 아이들의 SNS로 마약까지 거래되고 있습니다.

스마트폰은 차가 쌩쌩 달리는 도로와 같습니다. 부모님들은 길 건너 스마트폰에 빠진 아이들에게 "거긴 위험하니 당장 길을 건너"라고 성화지만, 막무가내로 길을 건너면 더 위험합니다. 아이들이 도로를 안전하게 건너올 수 있도록, 평소 아이들에게 '횡단보도로 건너야 한다' '파란불일 때 건너야 한다' '파란불이 깜빡이고 있을 때는 다음 신호에 건너야 한다'고 가르쳐야 합니다.

리터러시 교육의 요체는 '읽는다' '생각한다' 그리고 '써본다'입니다. 이 책은 이 과정에 스마트폰을 활용할 것을 제안합니다. 아이들이 친숙하게 느끼고 재미있어하는 게임이나 유튜브, SNS의 정체가 무엇인지 알려주고 아이들에게 자신을 객관적으로 돌아볼 수 있는 계기를 제공해줍니다. 이는 스스로에 대한 객관화, 메타인지를 자극합니다. 자신을 돌아보고 스스로에 대해 생각해보는

것. 이것은 스마트폰 사용 수칙에 대한 것이기도 하지만, 좋은 학습자로서의 자질이기도 합니다.[2]

기본적인 미디어 리터러시 교육을 거친 친구들은 스마트폰 등 여러 미디어 기기를 활용한 글쓰기 수업까지 나아갈 수 있습니다. 이 아이들과 함께 광고, 뉴스 기사 등 다양한 글쓰기 형식을 이용해 재미있는 글쓰기 수업을 해볼 수 있습니다. 이런 교육에는 교육자보다는 안내자가 필요하고, 교육 전문가가 아닌 부모님들도 충분히 할 수 있습니다. 스마트폰에 빠져 있는 아이들에게 스마트폰을 활용한 학습을 진행하는 것이 쉽지는 않은 일입니다. 하지만 생각하고, 읽고 쓰는 연습을 통해 '통찰'하는 즐거움을 아이가 알아가게 된다면 앞으로 아이의 학습 과정은 물론이고, 아이가 살아가는 그 자체에 큰 힘이 될 것입니다.

스마트폰을 들고 있는 아이가 걱정되시나요? 같이 즐기세요. 그리고 같이 보고, 읽고, 생각해보세요. 생각하는 아이는 스마트폰이, 유튜브가 무섭지 않습니다. 부모님들이 생각하는 아이를 도와주는 '안내자'가 됩시다.

Class 1. 게임: 놀이를 통해 읽기와 쓰기 능력을 향상시켜보자

1. 조선일보, 〈의사·변호사·회계사 시험 올킬, 日 27세 '엄친아 끝판왕'이 지금 하는 일〉, 2023년 5월 8일 치.

2. 채널A, 〈요즘 육아 금쪽같은 내 새끼〉.

3. UNESCO, 〈모두를 위한 교육: 생활 문해력〉, 2006년(《미디어 리터러시 이해-인공지능, 디지털 플랫폼 시대》, 한국방송학회 영상미디어교육연구회 기획·권장원 외 9인 지음, 한울, 2021, 88쪽).

4. 《미디어 리터러시 수업》, 김광희 외 4인, 휴머니스트, 2019, 64쪽.

5. 《미디어 리터러시 이해-인공지능, 디지털 플랫폼 시대》, 한국방송학회 영상미디어교육연구회 기획·권장원 외 9인 지음, 한울, 2021, 107쪽.

6. 〈[앵커의 눈] '게임 중독' 뇌 구조도 바꾼다… 조기 치료 중요〉, KBS 〈뉴스 9〉, 2019년 3월 10일 치.

7. 〈게이머 2천명 5년 간 조사한 교수님〉, https://www.youtube.com/watch?v=sSLReMRewRY

Class 2. 유튜브·소셜미디어: 디지털 콘텐츠로 문해력과 어휘력 습득하는 법

1. '2022년 연령대별 인기 앱' 와이즈앱리테일굿즈.

2. 〈소셜미디어? 그게뭔데!? 다음세대재단〉, https://www.youtube.com/

watch?v=nshF5J8hC2A

3. EBS재미있는상식, 〈"아랍의 봄" 천만송이 재스민이 가져온 기적〉, https://www.youtube.com/watch?v=ynzO4HTDAhs&t=7s

4. SBS, 〈온종일 SNS 들락날락…이런 청소년, 충동 조절 어렵다〉 2023년 3월 20일, https://news.sbs.co.kr/news/endPage.do?news_id=N1007120602&plink=ORI&cooper=DAUM

5. 디지털 마약에 중독되는 현대인들 | 거대 SNS 회사가 사람들을 중독시키는 방법, https://www.youtube.com/watch?v=baGptzQOQMo

6. 다양한 동물의 중추 신경계에서 신경전달물질과 호르몬으로 작용하는 유기화합물, 농도가 감소하면 우울증, 농도가 증가하면 중독으로 이어질 수 있다.

7. 고객의 반응을 확인하기 위한 비교 실험.

8. 짧고 재밌는 게 대세… 유통업계 '숏폼' 마케팅 활발, https://www.youtube.com/watch?v=a1D7b5XNjqc

Class 3. 콘텐츠 정보: 많은 콘텐츠 속에서 핵심 정보 분석하기

1. 조병영, 《읽는 인간, 리터러시를 경험하라》, 쌤앤파커스, 2021년, 96쪽.

2. MBC 뉴스데스크, 〈태풍 '카눈' 내륙 관통했다‥전국에 강한 비·바람〉, 2023년 8월 10일 치.

3. MBC 뉴스데스크, 〈태풍 '카눈' 내륙 관통했다‥ 전국에 강한 비·바람〉, 2023년 8월 10일 치.

https://imnews.imbc.com/replay/2023/nwdesk/article/6513212_36199.html

4. W.제임스 포터 지음·김대희, 전미현 옮김, 《미디어 리터러시 탐구》, 소통, 2020년, 318~319쪽.

Class 4. 정보의 오염: 가짜뉴스를 구별하고 정보 선별 능력 기르는 법

1. 2023년, 챗GPT 3.5 기준 답변.
2. 권장원 외 9인, 《미디어 리터러시 이해-인공지능, 디지털 플랫폼 시대》, 한울, 2021년, 17쪽.
3. 스브스뉴스, 〈유럽에서 바이러스 취급받는 동양인들〉, https://youtu.be/Bkltok5THro
4. 사람들은 왜 가짜뉴스에 쉽게 빠져들까? 진실보다 믿음이 중요한 Post-Truth 시대, https://youtu.be/7Q32Tnt2wkU
5. 방송통신위원회·시청자미디어재단·팩트체크넷, 〈허위정보 예방 3·3·3법칙〉.

   3가지 권고 ① 사실과 의견 구분하기 ② 비판적으로 사고하기 ③ 공유하기 전에 한 번 더 생각하기.

   3가지 행동 ① 출처·작성자·근거 확인하기 ② 공신력있는 정보 찾기 ③ 사실 여부 다시 확인하기.

   3가지 금지 ① 한쪽 입장만 수용 ② 자극적 정보에 동요 ③ 허위 정보 생산·공유 금지.
6. KBS 뉴스9, 〈미국 흔든 'AI 인공지능' 가짜 사진…증시도 출렁〉, https://news.

kbs.co.kr/news/pc/view/view.do?ncd=7682615&ref=D

7. 경향신문, 〈DNA 변형·불임 유발?…불안감 먹고 퍼지는 '백신 가짜뉴스'〉, https://www.khan.co.kr/national/health-welfare/article/202103012110015

Class 5. 광고: 광고 카피를 활용한 문해력 게임과 글쓰기 연습

1. 〈다시 봐도 재미있는 광고, 끝까지 보세요〉, https://www.youtube.com/watch?v=jactqzraM_Y
2. 나를 아끼자, 2018년 박카스광고 '엄마'편(30초). https://www.youtube.com/watch?v=zfaJNDwHV_Y
3. [오리온] 초코파이 情 신규 TV광고. 2014(Narr.하정우) https://www.youtube.com/watch?v=qau1758aUUk
4. 조선일보, 〈[Video C] 보는 사람을 분노하게 만든 역대 무개념 광고들(MooGaeNyum Awards)〉, https://www.youtube.com/watch?v=ZSJIQFjGsts
5. 미디어오늘, 〈인쇄 매체 기사형 광고, 올해도 1만 건 넘었다〉, 2022년 12월 19일 치, http://www.mediatoday.co.kr/news/articleView.html?idxno=307521
6. 오마이뉴스, 〈방송에 소개하고 홈쇼핑에서 팔고… '방송계 뒷광고' 실상〉, 2020년 8월 17일 치, https://www.ohmynews.com/NWS_Web/View/at_pg.aspx?CNTN_CD=A0002666712&CMPT_CD=P0001&utm_campaign=daum_news&utm_source=daum&utm_medium=daumnews
7. MBC 뉴스데스크, 〈[집중취재M] 소름끼치는 맞춤형 광고-인스타그램 개인정

보 수집 논란〉, 2022년 7월 22일 치, https://www.youtube.com/watch?v=DA4Zh-wCszs

Class 6. 뉴스: 뉴스 구조를 파악하는 것은 문해력의 근본적인 힘이다

1. 한국언론진흥재단, 《2021 언론수용자 조사》, 한국언론진흥재단, 2021년.
2. 와이즈앱, 〈한국인 스마트폰 사용 표본조사〉, 2023년 11월.
3. 조선멤버스, 〈[조선일보/TV조선] 신문, 방송 기자의 하루는 어떤 모습일까? 본격 기자탐구생활!〉, https://www.youtube.com/watch?v=ZnSyx9wXB2o
4. W 제임스 포터, 《미디어 리터러시 탐구》, 소통, 2020, 202쪽.
5. 한국경제, 〈내년 최저임금 9860원, 도쿄보다 높다〉, 2023년 7월 27일 치, https://www.hankyung.com/society/article/2023071984821
6. 한겨레, 〈물가 3.3퍼센트 오를 때 최저임금 2.5퍼센트 인상…저임금 노동 확대 불보듯〉 2023년 7월 20일 치, https://www.hani.co.kr/arti/society/labor/1100937.html
7. 사실과 의견 구분하기 퀴즈, 초기공TV, https://www.youtube.com/watch?v=hcl17qQdLn8
8. YTN, 〈[뉴있저] 대법원 "기레기 댓글 모욕죄 아냐"… 신뢰도 '꼴찌' 한국 언론의 자화상?〉, https://www.youtube.com/watch?v=U-8j8Etkguk
9. 기자 직업 만족도 5년 연속 하락… 30퍼센트대 첫 진입, 기자협회보, http://www.journalist.or.kr/news/article.html?no=54120

Class 9. 온라인의 위협: 디지털 세계에서 우리 아이들을 지키는 법

1. 크랩, 〈SNS에 공유한 사진, 우리 집 주소가 담겨 있다?〉, https://www.youtube.com/watch?v=HPAIizWo-5I
2. 국가인권위원회, 유엔 아동권리협약(Convention on the Right of the Child : CRC) 아동권리위원회 일반논평 25호(Children's right in relation to the Digital Enviroment. 2021년 3월 24일).

나가며

1. OECD, 〈21세기 독자: 디지털 세상에서의 문해력 개발((21st-Century Readers: Developing Literacy Skills in a Digital World))〉.
2. 조병영, 《읽는 인간, 리터러시를 경험하라》, 쌤앤파커스, 45쪽.

스마트폰으로 키우는 초등 문해력

초판 1쇄 인쇄 2024년 7월 3일
초판 1쇄 발행 2024년 7월 15일

지은이 정상근·박수진
펴낸이 이상훈
편집1팀 김진주 이연재
마케팅 김한성 조재성 박신영 김효진 김애린 오민정

펴낸곳 (주)한겨레엔 www.hanibook.co.kr
등록 2006년 1월 4일 제313-2006-00003호
주소 서울시 마포구 창전로 70 (신수동) 화수목빌딩 5층
전화 02-6383-1602~3 **팩스** 02-6383-1610
대표메일 book@hanien.co.kr

ISBN 979-11-7213-086-2 03590

- 값은 뒤표지에 있습니다.
- 파본은 구입하신 서점에서 바꾸어 드립니다.